用速食征服全球
雷‧克洛克的麥當勞革命

U0082357

世上任何東西都不能代替恆心。

「才華」不能：才華橫溢卻一事無成的人並不少見。

「天才」不能：是天才卻得不到賞識者屢見不鮮。

「教育」不能：受過教育而沒有飯碗的人並不難找。

只有恆心加上決心，才是萬能的！

劉幹才 著

崧燁文化

目錄

前言

著名學者培根說：「用偉大人物的事蹟激勵我們每個人，遠勝於一切教育。」

的確，崇拜偉人、模仿英雄是每個人的天性，人們天生就是偉人的追星族。我們每個人在追星的過程中，帶著崇敬與激情沿著偉人的成長軌跡，陶冶心靈，胸中便會油然升騰起一股發自心底的潛力，一股奮起追求的衝動，去尋找人生的標竿。那種潛移默化的無形力量，會激勵我們嚮往崇高的人生境界，獲得人生的成功。

浩浩歷史千百載，滾滾紅塵萬古名。在我們人類歷史發展的進程中，湧現出了許多可歌可泣、光芒萬丈的人間精英。他們用揮毫的筆、超人的智慧、卓越的才能書寫著世界歷史，描繪著美好的未來，不斷創造著人類歷史的嶄新篇章，不斷推動著人類文明的進步和發展，為我們留下了許多寶貴的精神財富和物質財富。

這些偉大的人物，是人間的英傑，是我們人類的驕傲和自豪。我們不能忘記他們在那歷史巔峰發出的洪亮的聲音，應該讓他們永垂青史，英名長存，永遠紀念他們的豐功偉績，永遠作為我們的楷模，以使我們未來的時代擁有更多的出類拔萃者，以便開創和編織更加絢麗多姿的人間美景。

我們在追尋偉人的成長歷程中會發現，雖然每一位人物的成長背景各不相同，但他們在一生中所表現出的辛勤奮鬥和頑強拚搏精神，則是殊途同歸的。這正如愛默生所說：「偉大人物最明顯的標誌，就是他們擁有堅強的意志，不管環境怎樣變化，他們的初衷與希望永遠不會有絲毫的改變，他們永遠會克服一切障礙，達到他們期望的目的。」同時，愛默生又說：「所有偉大人物都是從艱苦中脫穎而出的。」

偉大人物的成長也具有其平凡性，關鍵是他們在做好思想準備進行人生不懈追求的過程中，從日常司空見慣的普通小事上，迸發出了生命的火花，化渺小為偉大，化平凡為神奇，獲得靈感和啟發，從而獲得偉大的精神力量，去爭取偉大成功的。這恰恰是我們每個人都要學習的地方。

正如學者吉田兼好所說：「天下所有的偉大人物，起初都很幼稚而有嚴重缺點的，但他們遵守規則，重視規律，不自以為是，因此才成為一代名家，成為人們崇敬的偶像。」

為此，我們特別推出《企業家成長啟示錄》叢書，精選薈萃了古今中外各行各業具有代表性的名人，其中包括政治領袖、將帥英雄、思想大家、科學巨子、文壇泰斗、藝術巨匠、體壇健兒、企業精英、探險英雄、平凡偉人等，主要以他們的成長歷程和人生發展為線索，盡量避免冗長的說教性敘述，而採用日常生活中富於啟發性的小故事來傳達他們成功的道理，尤其著重表現他們所處時代的生活特徵和他們建功立業的艱難過程，以便使讀

者產生思想共鳴和受到啟迪。

　　為了讓讀者很好地把握和學習這些名人，我們還增設了人物簡介、經典故事、人物年譜和名人名言等相關內容，使本套叢書更具可讀性、指向性和知識性。

　　為了更加形象地表現名人的發展歷程，我們還根據人物的成長線索，適當配圖，使之圖文並茂，形式新穎，設計精美，非常適合讀者閱讀和收藏。

　　我們在編撰本套叢書時，為了體現內容的系統性和資料的詳實性，參考和借鑑了國內外的大量資料和許多版本，在此向所有辛勤付出的人們表示衷心謝意。但仍難免出現掛一漏萬或錯誤疏忽，懇請讀者批評指正，以利於我們修正。我們相信廣大讀者透過閱讀這些世界名人的成長與成功故事，領略他們的人生追求與思想力量，一定會受到多方面的啟迪和教益，進而更好地把握自我成長的關鍵，直至開創自己的成功人生！

人物簡介

名人簡介

雷·克洛克（Ray Kroc）（一九〇二年十月五日～一九八四年一月十四日），美國企業家，生於伊利諾州。

一九五五年，他接管了當時規模很小的麥當勞公司的特許權，將其發展成全球最成功的速食集團之一。他被《時代》雜誌列為全球最有影響力的企業創始人之一。在這個世界上，幾乎沒有人不知道有著金色「M」形標誌的麥當勞。

一九〇二年，克洛克出生在伊利諾州芝加哥市的一個捷克裔家庭。第一次世界大戰結束後至一九五〇年代初，他先後在多個行業謀生，如做紙杯推銷員、鋼琴演奏員、爵士樂手、樂隊成員，以及在芝加哥電台工作。最後他成了一名綜合奶昔攪拌機推銷員，行銷全美國。這個工作讓他認識了理察和莫里斯，即麥當勞兄弟。一九四八年，這對麥當勞兄弟在加州聖貝納迪諾開設了第一家麥當勞餐廳。他們獨創的漢堡餐廳生意非常好，居然同時使用八台奶昔攪拌機。

一九六一年，克洛克從麥當勞兄弟手中買下了公司。他們達成一項協議，即：麥當勞兄弟一次性獲得兩百七十萬美元出讓麥當勞連鎖餐廳，每年還可以得到公司總營業額的百分之一作為

專營權使用費。

　　一九七四年開始，他成為聖地牙哥教士隊老闆。

　　一九八四年一月十四日，克洛克因心臟病在加州聖地牙哥的斯克里普斯紀念醫院逝世，享年八十一歲。

成就與貢獻

　　克洛克說：「我要的是全力以赴獻身事業的人。如果誰只想賺錢養家過安逸的日子，誰就別到麥當勞來工作。」

　　克洛克是一個大器晚成的人，他五十二歲時，還是個經營奶昔機公司的小老闆。當克洛克與麥當勞相遇後，一切都有了翻天覆地的變化。

　　克洛克成功的一個祕訣，是他經營有方，創造性地提出了經營麥當勞速食店的三項標準：品質上乘，服務周到，地方清潔。這成了麥當勞區別於其他速食業的標誌之一。

　　克洛克還制定了一整套嚴格的品質標準，在保證品質的同時，還必須強調一個「快」字。為保證食品新鮮，還明文規定漢堡出爐後十分鐘或薯條炸好後七分鐘內賣不掉的話，就必須扔掉。每一位來到麥當勞的顧客，都能在五十秒鐘內吃到熱騰騰、味道可口的漢堡和其他食品。

　　注重廣告宣傳，也是克洛克大獲成功的一個因素。麥當勞

每年花在廣告宣傳上的費用高達幾個億。公司還創造了「麥當勞叔叔」這個令人難以忘懷的形象來做廣告。

「麥當勞叔叔」這個小丑般的形象，特別受到孩子們的歡迎。「麥當勞叔叔」成了全美電視廣告上為麥當勞宣傳的代言人。

地位與影響

克洛克是世界上最大的「廚師」，他擁有全球最大的飯店——麥當勞速食連鎖店，可謂是每頓飯有幾億顧客同時就餐。克洛克其苦心經營一生始終堅持的哲學是：「一個人應該充分利用每一個落在頭上的機會。每一個人都要自己創造幸福，自己解決難題。」克洛克的成功神話，已成為今天創業者傚法的榜樣。

克洛克信奉毅力和恆心，具有獨到的眼光和超人的魄力，憑藉這種素質，他終於由一個僅有高中二年級教育程度的人，成為一個優秀企業家、世界聞名的大富豪。

今天的麥當勞成為美國文化的一種象徵。克洛克成為家喻戶曉的傳奇式人物。他憑藉其敏銳目光和超人智慧，不但建立起了麥當勞王國，還推動了速食連鎖業的迅速發展。麥當勞王國的建立，不僅是一種商業革命，它更是一種飲食文化上的革命。克洛克的經歷，使許多美國人圓了一個從白手起家到發財致富的美國夢，也留給了世人，尤其是立志在商海上拚搏的人許許多多值得深思的啟示。

少年的時光

　　在做生意的過程中，光靠拚命地工作還遠遠不夠，找到正確的方向，精確地估計市場和形勢，這才是至關重要的。——克洛克

從小受到音樂薰陶

一九○二年秋天，明媚的陽光灑在美國芝加哥一個名叫奧克帕克的小鎮上，山川、田野、河流都在陽光下伸展著秋天的身姿。

在一戶普通的猶太移民家庭裡，路易斯‧克洛克正在欣喜而焦急地等待著，因為今天，他的太太羅斯就要給他生小寶寶了，路易斯滿心的歡喜憧憬著：「我即將成為父親了！」

路易斯‧克洛克是西部聯合公司的一名僱員，他教育水準不高，路易斯只有十二歲的時候，上學到八年級就輟學離開了學校，然後路易斯就到公司去工作。路易斯對待工作一直熱情而勤奮，多年來兢兢業業，很受人們的賞識，所以他緩慢但卻穩定地得到了提升。

而在生活中，路易斯也是一個興趣廣泛的人，他後來遇到了鋼琴彈得很好的羅斯，兩人一見鍾情，結成連理。夫妻倆沒事的時候，就會組織一個小型的合唱圖，到家裡聚會演唱。

羅斯有一副菩薩心腸，跟親戚鄰居們和睦相處，她把家治理得整齊、乾淨，井井有條。

「哇——」一聲嬰兒的啼哭打斷了路易斯的焦慮，接生婆奔出來告訴他：「路易斯，羅斯給你生了一個男孩！」

初為人父的路易斯大喜若狂，他把兒子接到手中，抱在懷

裡左看右看，怎麼看怎麼喜歡！

　　鎮上的人都到路易斯家裡來祝賀，人們圍攏在剛降生的小傢伙身邊，七嘴八舌地誇著：「這孩子長得可真結實！」「這小傢伙的眼睛可真亮啊！」「你看他那小嘴巴，一看就像他爸爸那樣會唱歌！」「他的小手指又細又長，長大了肯定跟羅斯一樣，是一個彈鋼琴的好手！」

　　這時一個老人問路易斯：「路易斯，孩子叫什麼名字？」

　　路易斯聽了不好意思地一笑：「哎呀，光顧高興了，竟然把這件事情給忘了！」

　　人們一起笑著看路易斯：「你呀，怎麼沒想著給孩子起個好名字呢，看來你還沒做好當爸爸的準備吧？」

　　羅斯卻笑著說：「我早就想好了，雷蒙德，我們的兒子叫雷蒙德。」

　　說著，她微笑著看著丈夫。路易斯也心領神會地靈光一閃：「對呀，我們倆早就商量過了，我們的兒子叫雷蒙德。」

　　大家都說：「嗯，雷蒙德，是個好名字。」

　　剛被命名的小雷蒙德‧克洛克睜著大大的、黑黑的眼睛，好奇地四處轉動，看著那些對他面帶慈愛的長輩親友們。小克洛克就在親人、鄰居的呵護下快樂地成長著。

　　路易斯和羅斯親切地把小克洛克稱為「雷」。後來，雷又有

了弟弟鮑勃和妹妹洛雷恩。

雷從小就聰明好動，活潑可愛。而從他懂事的時候起，家裡就時時充滿著音樂和歌聲，父親帶著他的樂隊來家裡演唱，母親彈鋼琴。男人們唱歌的時候，雷就會帶著弟弟在樓上自己玩。

只要樓下的音樂一停，兄弟倆就會停止做遊戲，跑到廚房上面的縫衣房裡，拉開地板上通暖風的柵格。羅斯就會把她正在吃的小點心放在一個盤子裡，路易斯則會把盤子放在一把舊掃帚上，舉起來遞給雷和鮑勃。

雷最喜歡看媽媽白皙而修長的手指在一排排的琴鍵上敲擊著，各種各樣好聽的音樂就一串串地流淌出來，簡直太神奇了！雷就像看魔術一樣。他聽著聽著音樂，就會出神地把什麼都忘記。

羅斯為了使這個有三個孩子的家庭、不太寬裕的經濟條件增加一些收入，經常出去幫別人上鋼琴課。

每次媽媽彈完，都會望著雷出神的樣子，開心地親著他的小臉。

雷開始纏著媽媽：「媽媽，我也要學彈鋼琴，就像您這樣，手指一動就會變出好聽的音樂來，您來教我好嗎？」

羅斯看著雷那期待渴望的眼神，微笑著摸著他的頭：「雷，你覺得會彈鋼琴是一件很讓人羨慕的事情嗎？」

雷肯定地使勁點了點頭：「那當然了！ 小夥伴們都因為您會彈鋼琴羨慕我呢！」

羅斯這時鄭重地對兒子說：「可是你知道嗎？ 鋼琴學起來就沒有你看得那麼輕鬆了，很累人的。」

雷著急地保證說：「我保證我會努力的。」

羅斯說：「光努力還不夠，重要的是堅持。」

雷睜著大大的眼睛看著母親，「媽媽，我一定能堅持下去。」

路易斯剛巧從樓上下來，他看到眼前這一幕，他笑著聳了聳肩，對妻子說：「羅斯，看來雷就要成為你下一個學生了。」他說著走下來，蹲在雷的面前，注視著兒子的眼睛：「記住，雷，自己保證的事情，就一定要做到。」

雷又用力對著爸爸點了下頭：「嗯。」

路易斯又鼓勵雷說：「好好跟媽媽學，如果你彈得足夠好了，我就讓你代替媽媽幫我們的合唱團伴奏。」

雷一聽，興奮地跳了起來：「好啊！ 我一定跟媽媽把鋼琴學好。你可別忘了答應我的噢！」

雷由於天生就秉承了父母在音樂上的天分，自小又受到了很好的音樂薰陶，所以他的鋼琴學得又快又好，學了不長時間，他就能彈奏一些簡單的曲子了。

羅斯看著兒子的進步非常高興，但她絲毫沒有放鬆對雷的訓練。

當時，棒球是美國全國性的娛樂活動。路易斯自己就是一個棒球迷，在他們家後面那條街上，經常舉行鄰居間棒球大型比賽。路易斯還經常帶著六七歲的雷去觀看芝加哥當地最有名的棒球隊幼狐隊打比賽；並對雷介紹著幼狐隊的著名球星廷克、埃弗斯、錢斯，他們相互配合經常雙殺的場面給雷留下了深刻的印象。

雷深深地喜歡上了棒球，一根滿是坑痕的硬木棒和包著膠皮的球，就玩得熱火朝天。往往會有這樣的情景，雷正玩得滿頭大汗、興高采烈的時候，羅斯就會到後廊叫：「雷蒙德，到練琴的時間了！」

雷頓感到了痛苦和失望：「天啊！」他看著手裡的棒球棒，遲疑了一下，終於放在地上，「媽媽，我來了。」

其他孩子們都在雷的身後，發出一陣哄笑聲，一個矮個的金髮小男孩還扮著鬼臉，尖著嗓子學著羅斯的聲音和語氣：「雷蒙德，到練琴的時間了！」這又引來一陣更大的哄笑聲。

雷拖著腳步，低著腦袋回到家裡。羅斯看著雷不開心的樣子，問他：「雷，你很不高興回來練琴嗎？」

羅斯覺得要好好跟雷談一談，她沒有打開面前的樂譜，而是坐在椅子上，「雷蒙德，你看著媽媽。」

雷抬起耷拉著的腦袋，看著媽媽。「我早就跟你說過，彈琴不是件容易的事，雖然你已經有了很大的進步，但還遠遠不夠。要想在琴鍵上熟練地彈奏，就必須不斷地練下去。你承諾過答應的事就一定能堅持做到，你忘了嗎？」雷沉默不語。

羅斯接著說：「等你慢慢長大了，就會明白什麼才是真正有出息的人。」雷看著媽媽柔和而堅定的目光，他心裡充滿了對媽媽長時間教育自己的感激，他笑著對媽媽點了點頭。

雷憑著聰明和勤奮，很快就能彈得幾乎和媽媽一樣好了，他已經可以為爸爸的小合唱圖伴奏了。而且，在他們那個居民區，雷的鋼琴彈得熟練也是小有名氣了，為此，哈佛公理會唱詩班的指揮還請雷去為他的合唱練習伴奏。那些當初嘲笑雷的小夥伴們這時也開始佩服雷了，再也沒有人敢嘲笑他了。

暑假開辦音樂品店

雷從小就愛好活動，而且沒事的時候就喜歡獨自坐在那裡想事情。羅斯看到兒子這樣的時候就會問：「雷，你在幹什麼？」

雷轉過神來：「沒什麼，只是隨便想想。」

羅斯說：「一個空想家。」

不但母親，好多人都愛稱雷為「空想家」。雷卻從來不認為他的幻想是浪費精力，因為他一直有一個願望……

雷常常會去芝加哥市裡陪媽媽購物和逛街，但他可不是單純地逛街，他發現芝加哥鬧街上的許多大商場裡總是有彈鋼琴和唱歌的人，他們的優美音樂，吸引了大批顧客，顧客們可以向鋼琴師點一首自己喜歡的曲子或者是樂譜上看起來感興趣的音樂。而那些顧客聽完音樂後，又會到出售樂器、樂譜和音樂產品的商店去。

雷當時就讚嘆這個辦法高明：「這樣一來，音樂部的銷售就會成倍地增長，這真是個好辦法！嗯……如果我能開一家經營音樂產品的商店，既用得上自己彈鋼琴的唱歌的專長，又能利用自己對樂譜和樂理的知識成為一個內行的店主，那將是多麼美妙的一件事啊！」

但是，實現這個夢想需要本錢。雷的叔叔厄爾・愛德蒙在小鎮上開了一家小雜貨店，這家小雜貨店賣各種各樣的小吃和零碎的生活用品。由於愛德蒙的勤勞熱情，小店的生意非常紅火，叔叔一個人忙個不停，所以就僱用雷利用學習之餘做他的幫手。

雷每天午飯時間匆匆忙忙地趕到小店裡幫忙，他一直偷偷地積攢著叔叔給他的微薄報酬，因為他的心裡也有自己的小小夢想。

有一年暑假，雷冒著驕陽，汗流浹背地來到小鎮上，去小店幫忙。

假期不像平時，大多數時間雷可以待在店裡看著出出進進

的人們，思考著做生意的竅門。他學會了要微笑和熱情地對待顧客，簡單而禮貌地問問他們的身體和談論一下外面的天氣。等顧客買完東西，再禮貌地說聲「再見、歡迎下次光臨」之類的話。

叔叔很欣賞雷這麼小就很有經濟頭腦，看著雷老練地應付顧客，他經常對嫂子羅斯稱讚侄子：「雷這個小夥子可真聰明，你看他在冷飲櫃前賣飲品和冰點，動作是那麼敏捷，與人說話的口氣既有禮貌而又乾脆。」

羅斯微笑地聽著。

愛德蒙接著強調說：「最主要的是他學每一樣事情都是那麼快，中規中矩，甚至做得更好！我敢打包票，雷會在生意行裡做得很出色。」

羅斯卻不這麼想：「那要看他自己願不願意了。」

因為這是雷初中的最後一個假期了，他想做點自己想做的事了。在給叔叔幫忙的空檔，他就有了一個想法——設一個賣檸檬水的攤位，甚至他還想好了攤位擺放的地點和進貨的方式。他仔細地算過投入的本錢，發現自己攢的錢可以應付。

雷立刻就實現了自己的設想。令他出乎意料的是，他的生意還做得相當不錯呢，他賣出了不少的檸檬水。

這個小小的成功，讓雷的幹勁更足了，他說：「我要把自己的夢想都變成現實！」

雷不像大多數學生那樣把假期打工掙來的錢作為平時的零用錢，他為了自己的願望，把平時和假期幫叔叔掙來的錢都存在銀行裡。

有一天，雷發現自己攢下來的錢已經可以實現自己那個小小的願望了，他興奮得跳了起來！

雷馬上從銀行裡取出了自己在大人眼裡還少得可憐的小小積蓄，高高興興地回到家裡，找到了兩個很要好的朋友：「我有個想法，我們到鎮上去租一間小店面，開一家小小的音樂品店，如何？」

兩個朋友都很同意，問他：「要投資多少錢？」雷回答：「每個人投資一百美元就足夠了，我們租便宜的房子。」

在幾個年輕人賣力的活動下，小店很快就正式開張了。他們把小店布置得既乾淨又漂亮，店裡擺著一批活頁的樂譜和比較輕便小巧的樂器：口琴、風笛、烏克麗麗等。雷還把家裡鋼琴也搬進了店裡，依照大商場的樣子擺放在合適的位置上。

雷終於實現了自己這個小小的願望，他滿懷希望地期待著自己有生以來第一次「商業」策劃的成功。他把暑假的所有精力都投入在了音樂品店裡。

小店開業的第一天，雷搞了一個小小的演奏會，他應顧客們的要求，彈奏一曲曲鋼琴音樂；還一邊唱歌，一邊向顧客介紹、宣傳自己店裡的音樂品。

但是，由於奧克帕克小鎮並不大，而且之前已經有了幾家音樂品商店，人們對音樂品的需求並不像雷所想像的那麼大。所以，小店的生意也沒有像雷想像的火爆起來。

過了幾天新鮮日子，生意就越來越冷清，每天來不了幾個顧客。生意不好，但房租是不能免的。雖然幾個年輕人做得很賣力，但是他們終於承認：光憑熱情是無法維持的。

最終不得不把剩下的存貨都盤給了另外一個音樂品商店，然後將剩下的錢平分成三份，「小小音樂品店」只存活了幾個月就夭折了。

平生第一次生意雖然沒有成功，但雷從這件事上總結出：在做生意的過程中，光靠拚命地工作還遠遠不夠，找到正確的方向，精確地估計市場和形勢，這才是至關重要的。自己還要到實踐中去慢慢地摸索這些經驗！

演講辯論練就口才

由於路易斯詳細地了解芝加哥的幼狐棒球隊，而且對幾乎所有球員的情況，包括他們鞋子的尺碼都瞭如指掌。這使克洛克與其他小孩子談論棒球隊員時占盡上風，尤其是涉及有關幼狐隊的爭論時更是如此。

那個暑假，克洛克雖然搞了很多演奏，也唱了很多歌，但賣出去的東西並不多，只好放棄了這個生意。

　　暑假之後，就開始了他的高中生活。克洛克帶著暑假實踐經驗的充實心態，背著書包進入高中校園的第一天，就在心裡暗想：「這是一種怎樣的生活呢？」

　　當年，克洛克還剛剛上小學的時候，他就渴望像大一點的孩子一樣，在高中可以參加童子軍的夏令營。這時，克洛克終於可以參加童子軍了，因為由於克洛克懂音樂，學校還讓他當了一名號手。所以他還為實現自己的願望高興了一陣子：「在童子軍的樂隊裡做一名號手，那是多麼神氣的事啊！」

　　克洛克認真地吹著擦得明亮的小號，在各種會議上發出嘹亮的聲音。他賣力地演奏著。

　　但後來克洛克漸漸發現，吹號只是一個很有限的而且他在各次會議上都在反反覆覆地做相同的事情，小號只是個不起眼的東西，他不可能取得更大的長進，所以他就毅然退出了童子軍。

　　從此以後，克洛克感覺他的高中生活過得太漫長了：作業總是那麼繁重，老師站在講台上講著一些死板的理論。克洛克越來越感覺到，沒有什麼東西能吸引他獲得更大的長進。

　　後來克洛克發現，他依然能夠成為學校裡引人注目的一個人物，是因為他喜歡辯論，假如辯論的對手占了上風，克洛克就會毫不猶豫地尋找機會去駁倒他，克洛克的口才的確是太厲害了。

　　有一天，放學後克洛克準備收拾好書包回家去，這時，一

個他不認識的黑頭髮黑眼睛的女孩叫住了他:「雷蒙德· 克洛克,你好,請等一下。」

克洛克轉回頭去看著這個和他年紀差不多的女孩,很有禮貌地問道:「你好,我想……我不認識你,你找我有什麼事嗎?」

女孩走到克洛克的跟前,帶著邀請的期待眼神看著他說:「哦,是這樣,我們要組織一個辯論賽,對手是鎮上另一所高中的學生。我們聽說你的口才很棒,所以想請你加盟我們,你有沒有興趣?」

本來生性就喜歡挑戰的克洛克一直喜歡成為人們注意的中心,此時一聽大喜過望,心想:辯論賽,這是一個好方式,可以在人們面前各抒己見,然後與不同的觀點進行交鋒,大家憑嘴來分出勝負,能夠在大庭廣眾面前扳倒對手。這是多麼刺激和富有挑戰的一件事!

克洛克爽快地答應了:「好,我同意加盟!」

這次辯論的題目是「是否該禁止吸菸」。但這時克洛克抽到了區於劣勢的反方,他們抽到了「應該」,也就意味著,他們這一方要為吸菸的行為來進行辯護。

克洛克一方的一個男孩一看就嚷了起來:「有沒有搞錯啊!世人皆知吸菸明明是對人身體有害的,我們怎麼能顛倒黑白把壞的說成是好的呢?」

邀請克洛克加盟的那個女同學一看這種情況,頓時就洩了

氣，她連連說：「真倒楣，竟然抽到了下下籤。雷蒙德，看來我請你來可能反倒是害了你。」

他們隊伍中最小的一個女孩神情沮喪地問：「難道我們不得不放棄嗎？」

克洛克卻不這樣認為：「不要緊，我想這會是一次令人精神振奮的交鋒！大家都打起精神來，認真對待這次挑戰，不要還沒上陣就被嚇死。畢竟現在鹿死誰手還很難說，是不是？大家都別愁眉苦臉的，我們不要輕易認輸，要樹立信心——我們是不容易被打敗的！」

大家聽了克洛克的話，都大受鼓舞，他們積極尋找對自己一方有利的論據，並尋找對方有可能出現的論點中的漏洞，他們做好了充分的準備。尤其是克洛克，他就像一個鬥士一樣，眼睛放光，照亮了家裡所有人疑惑的臉色。

決戰的一天終於來到了！

辯論雙方都早早地來到了舉行比賽的禮堂。克洛克以為他們來得已經夠早的了，但他們進去之後才發現，對手已經早就在那裡等著他們了。看到克洛克他們進來，對手不由得一個個挺起了胸膛，顯得信心滿滿的，用俯視的目光蔑視著克洛克和他的盟友。克洛克想：他們抽到了有利的辯論方向，看來他們的準備也做得很充分了。

時間到了，比賽開始！

對手首先闡明觀點，果然不出克洛克所料，他們做了充足的準備，他們把菸草的危害的各種表現和結果都做了全面而詳細的蒐集：吸菸者因此患病後的症狀，醫學界各有關數據，專家的觀點，全球有關禁煙命令的舉措，各類有說服力的數據……

的確，他們講得很好，甚至單從這些科學觀點來入手，簡直是無懈可擊的。

但聽著聽著，克洛克就發現對手犯了一個大錯誤：他們把惡魔似的菸草描繪得太黑、太令人討厭、太作惡多端，而這種東西卻在受到有理智的社會的鼓勵。

對方的一個男同學手舞足蹈，慷慨激昂地發表完了所有觀點，全場報以熱烈的掌聲。

於是克洛克決定，他要反其道而行之，用美麗的能打動人心靈最深處的詞彙，與現實有某種聯繫的很動聽的簡單故事，來說明對方的話說過了頭，以此來取勝。

該克洛克一方進行申訴了，他從容地站了起來，開始了他的演說：「大家好，謝謝對方辯友的精彩發言。那麼在這裡，我只想講一個故事，聽完了這個故事，我想大家會自然得出一些結論，來判斷一些事情……請大家耐心點，我不會耽誤大家太多的時間。」

「我講的是一個老人的故事，他就是我的爺爺。我最親愛的祖父菲謝，我這樣稱呼他，意思是大鬍子爺爺。確實如此，我的

爺爺有著一幅美麗的大鬍子，我小時候最喜歡用手摸他的鬍子，他在這個時候也最享受地眯著眼睛，哈哈大笑。」

「我的爺爺是一個波希米亞人，他出身於一戶貧苦人家，因此從小就練就了吃苦耐勞的性格。他歷盡千辛萬苦，才帶領一家人來到了美國。在這裡，爺爺以他的勤勞，付出了多年的勞力，在新的土地上灑下汗水……終於才使我們全家能有得以存身的住所，過上安定一些的生活。」

「多年過去了，現在爺爺已經老態龍鍾了，我經常看到他在院子裡的搖椅上晒太陽，用昏花的老眼看看自己多年辛勤努力收穫的一切，然後就會精力不濟地睡過去。」

「爺爺有兩個他最鍾愛的東西，一個是他的小狗，我們全家都喊牠露絲。露絲跟隨爺爺多年，牠是那麼懂事，風燭殘年的爺爺只要有露絲跟著，他走到哪裡都不會迷路。露絲還會隨時照顧爺爺的口袋，任何小偷也別想打那裡面的主意。而另一個，就是爺爺幾十年來一直用著的一個煙斗。我有時看著那個泛著古色古香光芒的東西問爺爺：『您這個煙斗有多少年了？』他會笑著告訴我：『多少年了？ 我也說不清楚，這是我的爺爺傳給我的，而我的爺爺也說是從他的爺爺那裡傳下來的。』」

「請大家想像一下，在我們身邊，在這個世界上，有多少像我的菲謝爺爺這樣的老人，他們辛勞一生，來日無多，對後輩慈愛有加。但是，我們後輩們整日忙碌，沒有時間去陪陪他們，他

們只有習慣於獨處，一個人孤零零地待在老家。他們的動作不再如從前那樣輕盈敏捷，他們的眼神不再如年輕時那般敏銳。每當我回到老家，看到爺爺用凝滯的眼神呆呆地望著我的時候，我心裡非常難受：爺爺老了，我們誰都無法逃脫終老的一天。」

「我們沒有工夫陪爺爺，他只好跟他的露絲——那隻善解人意的小狗——玩著他們之間的遊戲：爺爺將一支小木棍或者小球等東西扔到遠遠的地方，露絲就會跑過去給爺爺找回來，遞到他手裡。每到這時，爺爺看著來回奔波、不辭辛苦的露絲，自己則坐在搖椅上笑瞇瞇地看著。遊戲之餘，爺爺就會在他那支老煙斗裡裝上煙絲，默默地吸著，一邊看著從煙斗裡裊裊升起的輕煙，一邊回味著自己的一生——那些或幸福或辛酸的往事，他的臉上顯出一種看透世事滄桑的安詳神情。」

禮堂裡鴉雀無聲，大家靜靜地聽著，或者望著克洛克，或者低頭想像著他描繪的那一幅畫面，甚至有人眼中溢出了濕潤的光芒。」

最後，克洛克聲音已經變得顫抖了，說：「除了這些，我的爺爺再也沒有什麼能讓他能感到快樂和幸福的了。大家想一下，你們中有哪一位，會忍心再去剝奪這位滿頭蒼髮、滿臉白鬚的老人在世間最後的享受——他心愛的煙斗呢？」

禮堂裡已經有人開始小聲地啜泣，有的女同學掏出手帕，擦著臉上淌出的眼淚；而男同學們眼圈也都紅紅的。顯然，人們

都沉浸在克洛克精彩而打動人心的描述之中。

克洛克已經結束演講，坐下來等了好一會了，他期待著人們的反應。

突然，禮堂裡爆發出了雷鳴般的掌聲。克洛克再次站起身來，向聽眾們鞠躬致意。掌聲持續了好長時間。

克洛克這時最希望父親能聽到那些掌聲。

克洛克出色的口才在這次辯論中一戰成名，大家都說：「雷蒙德真厲害，我看世上幾乎沒有能夠難倒他的辯論題目了。」

而克洛克得到的收穫最多，他信心大增：「無論什麼樣的話題，無論涉入的難度多麼大，我都能夠用雄辯家的口才使聽眾折服。」

面對戰爭毅然從軍

轉眼一年過去了，一九一七年，克洛克已經讀高中二年級了，個子也像誆氣球一樣忽然長高了一大截，長成了一個英俊的少年：眼睛明亮漆黑，閃著聰慧的光芒；鼻梁高挺；薄薄的嘴唇兩角向上翹著，讓人看了覺得他似乎總是在對著你微笑。

每當克洛克走在小鎮上，大家都會稱讚說：「噢，我們的小鋼琴手長大了變成一個大帥哥了！」

克洛克是一個閒不住的年輕人，但他不再去做打棒球的運

動，而是在課餘時間去推銷咖啡豆和其他一些新鮮東西。每到放了學或者節假日，他就會提著一個大包走出家門，誰也弄不清他這次包裡裝的是什麼東西，只看到他從這家走出來，又從那家走進去，挨家挨戶，不辭辛勞地做著推銷。

在愛德蒙叔叔的雜貨店學到的生意經派上了用場，克洛克以自己的精明和微笑贏得了顧客的歡迎，他賣出了很多東西，銀行裡存摺上的數字也在不斷地增多。

克洛克自豪地對媽媽說：「我現在已經不再需要你和爸爸的幫助，完全可以憑自己的能力養活自己了。」

羅斯笑著說：「那你可以自己出去獨立生活了。」

克洛克本來想說自己不打算再在學校待下去了，把讀書、做作業的時間用在生意上，但他知道，這是父母絕對不允許的，只好打消了這個念頭。

可就在這一年，世界卻變得不太平起來。早在三年前，首先是在歐洲，然後戰火的硝煙逐漸向全球瀰漫——第一次世界大戰爆發了！

美國離歐洲很遠，所以那時宣布保持中立，不支持作戰的任何一方。那時克洛克還是個十二歲的孩子，而且戰爭是在遙遠的歐洲，芝加哥奧克帕克小鎮的居民還是過著跟往常一樣的日子，克洛克還整天沉浸在鋼琴樂譜中，絲毫不關心小鎮之外的美國和美國之外的世界發生什麼。

可是到了現在，形勢卻發生了很大的變化，美國不再保持中立，宣布對德國作戰。由此頒布了義務兵役制，規定凡年滿十八歲至四十五歲的成年男子，都必須從軍履行義務。

奧克帕克小鎮也不例外，隨著「到軍中服役去」的號召打破了往日的平靜，而變得熱鬧起來。戰爭的歌曲也在小鎮流行起來，每個人都在唱著以「到了那時」開頭的歌曲。克洛克眼看著鎮上好多年輕人激情澎湃地到政府去報名參軍，他的心也跟著躁動起來。

雖然這時克洛克才只有十五歲，但是他卻開始關注起世界大戰的局勢來，每天當他走街串巷推銷的時候，都特意向別人打探從前線傳來的消息。當時他只希望：「我馬上就變成十八歲該多好啊，那樣我就可以報名參戰，為國效力，並享有軍人的榮譽了。」

克洛克覺得，前線才是自己最希望去的地方，但是他還實在太小，乾著急也沒有辦法，只好把這種渴望轉嫁到努力做生意上。

這一天，克洛克一放學就提著他的百寶箱又開始他的推銷。透過這段時間的生意實踐，克洛克很快就摸清了各家對各種商品的需求，街上的一些人家已經成了克洛克的老主顧了。

克洛克走到一家老主顧門前，敲響了那位老太太的門。

老太太打開門一看到克洛克，就熱情地對他笑著說：「呵

呵，快進來吧，我的孩子！」說著一邊帶克洛克往屋裡走一邊問：「這次又給我帶什麼新奇玩意兒來了？」

克洛克很有禮貌地說：「珍妮奶奶，我這次特意給您選了一些東西，您看看，我敢肯定您會喜歡。」

克洛克剛把包放到地上，老太太的老伴突然手裡拿著一張報紙從臥室裡跑了出來，他嘴裡嚷道：「這真是太不像話了！」

克洛克奇怪地問：「約翰爺爺，是什麼事情讓您這麼生氣？」

老約翰揚著手裡的報紙，氣哼哼地說：「啊，雷，你來看看，上面說，他們竟然連孩子都允許被派到戰場上去，讓我說他們什麼好！」

克洛克不由心裡一動，他看著氣得喘著粗氣的老頭子，對他說：「是真的嗎？讓我來看看好嗎？」

老約翰把報紙遞克洛克，指著上面一塊版面說：「看看吧，你雖然還小，但也是讀書人，應該懂得。這太不像話了！」他餘怒未消。

克洛克這些天來一直關注著所有與戰爭有關的訊息，這時急切地接著報紙，趕緊接過來一看：

美國紅十字會要組織一支戰時救援部隊，要在年輕人中進行挑選。凡年滿十七歲者條件合適都可入選。

克洛克高興得差點跳起來，心裡說：機會終於等到了！

克洛克忘記了繼續做生意，他匆匆地對老太太說了聲：「您好，我有事先告辭了。」他提起還未打開的包，飛奔出屋，弄得老太太夫婦倆一頭霧水。

克洛克一路跑回家裡，家中剛剛開始吃晚飯，正好全家人都在，他即席又展開了他的演說：「爸爸，媽媽，我要去參軍！」

全家人為克洛克這突如其來的一句話嚇了一跳，大家都放下手中的餐具，一起看著跑得氣喘吁吁的他。

路易斯問道：「你剛才說什麼，我沒聽明白，你再說一遍？你說要去參軍？」

克洛克明顯看出父母臉上反對的表情，但他絲毫沒有猶豫：「對，我想跟你和媽媽商量一下，我要去參加紅十字會組織的救援隊。」

路易斯臉上沒有表情：「雷，這沒什麼好商量的，不行。」

羅斯也說：「我跟你爸爸意見一樣，我們不會同意你去做這樣危險的事。」

克洛克急了：「我看了今天的報紙，說可以讓孩子去參軍的。」

羅斯說：「我們也看了，你剛十五歲多一點，就算你到了十六歲，但離國家規定的十七歲的年齡底線還差一歲呢！」

　　克洛克激動地辯解：「可我跟其他孩子不一樣，我已經是大人了。你們也看到了，我能處理好自己的一切，洗衣、做飯我樣樣在行，我能照顧好自己的。現在國家需要年輕人參戰，優秀的有志青年都已經參軍走了，難道你們想讓我縮在家裡當懦夫讓別人笑話嗎？如果那樣苟且偷安，我寧願死在歐洲的戰場上！」

　　路易斯心裡雖然也讚嘆克洛克的志氣可嘉，但他還是極力想用親情來勸阻兒子：「雷，我和你媽媽都非常愛你，這你非常清楚。不光我們，你的弟弟妹妹也跟我們一樣愛你。你怎麼忍心說出這樣的話讓我們傷心？！我們家不能失去你。到了戰場上，子彈可是不長眼睛的，你一個小孩子，很容易出事。」

　　羅斯更是難過得流下淚來：「是啊，孩子，你好好在學校裡讀書不是很好嗎？如果沒有了你，媽媽活著還有什麼意思……」她說不下去了。

　　克洛克見媽媽如此傷心，惶恐地上前抱住痛哭著的羅斯，羅斯也哭泣著緊緊地摟住了兒子，像是怕失去他一樣。

　　過了一會，羅斯的情緒稍稍平靜了一些，克洛克才鬆開雙手，他已經比媽媽高出了半頭，他兩隻手撫著母親的肩膀，看著母親，輕聲安慰道：「媽媽，你放心好了，你知道我有多麼機靈的，對嗎？當我從戰場上歸來的時候，那一定成為了戰鬥英雄！到那時，整個奧克帕克都會尊敬你這位英雄的母親！」

　　克洛克說到這裡，出神地望著前方，似乎正在憧憬著自己

成為戰鬥英雄光榮歸來時的情景……

當晚路易斯夫婦都一直沒有鬆口，克洛克也只得作罷。

但接下來幾天，克洛克依然堅持自己的意願，軟硬兼施，充分發揮自己的雄辯口才，曉之以理，動之以情……父母終於禁不住他的厲害，被他說服了，同意他報名參軍。

克洛克又在報名單上把自己的年齡由十五歲改成十七歲，也順利通過了軍方的體檢。他被錄用從軍後，分配到紅十字會的救護車隊做駕駛員。

克洛克穿上了軍裝，告別了家鄉和親人，奔赴到康乃狄克州──一個他完全陌生的地方，開始新兵訓練。他要學習的項目是汽車駕駛，要練得無論在多麼坑窪不平的路上，也要保證把汽車開得平衡安全，並且要掌握許多關於汽車修理方面的知識。

克洛克對一切都感到新鮮，他學得極其用心，很快就超過了同一期的其他新兵學員。

克洛克以為他當然是他們連隊裡年齡最小的一個，不過後來他又發現了一個內向的男孩，憑著他敏銳的觀察，那個男孩應該跟他差不多大，也是謊報了年齡參軍的。

那個男孩平時不愛說話，經常看到他沒事的時候一個人在一邊默默地想心事。當大家在訓練空閒的時候跑到附近地區的鎮子裡去逛街玩樂的時候，那個男孩卻總是留下來待在軍營裡。

　　克洛克覺得很奇怪：他留下來做什麼呢？ 後來他發現，那個男孩在畫畫，他不停地畫，畫完一張再畫一張，似乎只要畫著就永遠也不知道累，他這輩子就像是為畫畫而來到人世的一樣。克洛克留意地記下了這個男孩的名字：華特·迪士尼。

　　新兵的訓練是相當苦的，但像克洛克這樣的年輕人，都有一種報國的熱情，有股好勝的倔強勁，而且對即將奔赴的戰場有一種衝動和幻想，所以大家都練得相當出色。

　　大家一邊訓練，一邊憧憬著交談著到了戰場上的情景，心裡充滿了期待。過了一段時間，終於傳來了令人振奮的消息：上級有令，新軍的救護車隊做好奔赴法國前線的準備！

　　十六歲的少年克洛克從參軍時起，就天天盼著奔走戰場的這一天，現在終於盼來了！ 他興奮異常，他一連幾天都激動得睡不著覺。

　　就在克洛克渴望馬上就到戰場上衝鋒陷陣，最終成為戰鬥英雄的時候，卻又傳來了一個讓他錯愕的消息：第一次世界大戰結束了！ 同盟國宣布投降，已經簽署了停戰協定！

　　這就意味著，他不用再去法國戰場了，他成為英雄的夢想也化為了泡影。

　　克洛克再沒有任何理由不回到奧克帕克父母的身邊去了，他垂頭喪氣地回到了故鄉小鎮。稍休整了一段時間之後，他又背起書包回到學校繼續學業。但由於參軍，他落後了一大半的功

課，後來實在覺得趕不上同學們的進度了，只好輟學中止了高中課程。

離開學校之後，克洛克只有一條自力更生的路可走了，他下定了決心：要為自己的理想而奮鬥！雖然自己沒有完成高中課程，但相信自己也不會比別人做得差。

參軍這段經歷磨煉了克洛克堅毅的性格，他認為，除了書本上的知識，其實在社會這所大學裡能學到的東西可能更多。

推銷員生涯

　　沒有一個自重的棒球手會用同一種方法向每個打擊手投球，而每一個自重的推銷員也不會一生只使用同一種推銷手法。我總是認為，每個人都是自己創造幸福，自己解決難題。這是一個簡單的哲學。——克洛克

致力推銷參加樂隊

一九一九年，克洛克從高中輟學了，但他卻並沒有感到太多的遺憾。他認為自己還有好多的事要去做，按他早年的設想，這些事早就應該全力以赴去做了。

於是克洛克決定從他的老本行推銷開始做起。

克洛克這時對推銷已經是駕輕就熟了。他透過參軍前的實踐，幾乎能叫得出奧克帕克鎮所有人的名字了，而且也能摸清每個人的脾性和愛好，知道他們喜歡買什麼東西，所以克洛克能用不同的話語去說服不同的顧客。

聰明的克洛克，大腦就如同一個儲存器，把每一個老主顧的口味依照愛好分類，然後根據這些提供商品。不僅賣貨的時候，平時他有時間就到那些老主顧家裡，坐坐、聊天，然後從談話中順便詢問他們需要什麼東西，這樣更有利於安排進貨。

克洛克在一段時間之內一直在推銷一些絲帶和小飾品，這深得小鎮上那些女性顧客的青睞，她們一見到克洛克就會高興地衝他喊：「雷蒙德，到這邊來，我上次告訴讓你給我帶一些紐約最流行的絲帶，你沒忘了吧？」

克洛克就會笑著衝她揚揚手中的大提包：「不會忘的！喏，都在這裡邊呢！」

克洛克的生意很好，他心裡樂得開了花，越做越起勁。隨

著做生意的範圍不斷擴展，克洛克已經不再只限於奧克帕克小鎮了，他已經在周圍的城市和其他小鎮開闢了新的市場。

當他來到一個新的地方時，總會先找一家旅店住下來。然後，打開他的百寶囊，從裡邊掏出那些美麗的絲帶、精美的小飾品、五顏六色的襪帶和用來裝飾床墊上的花苞等，每一件都擺在他認為合適的位置上，將一幅黑色天鵝絨掛在牆壁上，用來作為背景。

他自己退後幾步，站在稍遠的地方打量，得意地微笑道：「嗯，漂亮極了！」

完成初步的工作後，克洛克再將行李打開，換上整潔的衣服，走出了旅店。他挨家挨戶去敲開當地人家的門，很有禮貌地向家裡的婦女和姑娘們發出邀請：「我帶了一些你們會喜歡的東西，有漂亮時髦的絲帶和各種飾物，請您有時間到我在鎮上旅館裡的樣品房去參觀一下。」

很快，克洛克在旅館布置的小樣品房裡就擠滿了好奇的姑娘和家庭主婦們，她們很有興趣地看著那些克洛克精心擺放的寶貝。克洛克一邊領著她們看，一邊給她們解說這些東西是多麼的物美價廉，讓她們覺得如果買得少了都會比別人吃虧。

就這樣，克洛克的貨物很快就銷售一空。

克洛克清點著自己的利潤，十七歲的他心裡充滿了驚喜：「一週就能賺到二十五美元至三十美元，這樣的收入甚至超過了

許多大人們呢！」

除了賣小商品，克洛克空閒的時候也不願意白白地浪費時間，他會到一些夜總會裡去彈鋼琴，這就又多了一項收入。

沒過多久，克洛克與父親談起了自己的經營狀況，路易斯驚喜地說：「雷，你現在已經比我掙得多了。你已經做得很好了，而且懂得建立自己的客戶群。繼續做下去吧，孩子。」

但克洛克卻並不表現得很滿足，他說：「但是爸爸，這只是我理想的開始，我卻不想一輩子都在向那些婦女和姑娘們推銷一些小裝飾品，還有更遠大的志向等著我呢！」

路易斯奇怪地問：「這樣做下去不是很好嗎？而且你可以開一個大商店啊！」

克洛克卻說：「爸爸，沒有一個自重的棒球手會用同一種方法向每個打擊手投球，而每一個自重的推銷員也不會一生只使用同一種推銷手法。我總是認為，每個人都是自己創造幸福，自己解決難題。這是一個簡單的哲學。我覺得這個哲學是做農夫的波希米亞祖先從骨頭裡傳給我的。」

路易斯見兒子見解比自己高明，就不再反駁克洛克了。

就在這年夏天，在克洛克生意正火爆的時候，他卻選擇了放棄，然後前往密西根州的波波萊克尋找他的夢想。

波波萊克是一個美麗的湖泊，清清的湖水泛著粼粼的波

紋，岸邊都栽滿了茂盛的樹木，人走在湖邊，呼吸起來都清爽許多。尤其一到夏天，波波萊克就成為了避暑勝地，不僅本地人，好多外地人也都到這裡來遊玩、度假。

克洛克剛到波波萊克，先是參加了一個樂隊擔任演奏手。隊長二十多歲，是一個長髮飄飄的大男孩。他們當然會選擇人多的地方演出，他們要把人們從周圍的旅館裡吸引出來觀看他們的演出。

克洛克也著意打扮了一下自己的「藝術形象」：把自己的頭髮從中間分開，塗上潤髮脂，使頭髮向後貼，看上去就像漆皮一樣，穿上色彩鮮明的條紋夾克衫，頭戴硬草帽。

這樣一群年輕小夥子，唱著青春狂熱的歌曲，跳著活力四射的舞蹈，的確能夠吸引人們的注意力。

夏天，樂隊一到湖邊，首先的工作就是從車上卸下所有的家當，然後開始搭建大篷。克洛克與樂隊其他成員一起，努力把大篷建好，小夥子們把他們的簡易大篷稱為「愛迪加」。

傍晚建完大篷，幾個人已經累得筋疲力盡了，但是他們不敢休息，抓緊時間吃完晚飯，就登上了停泊在湖中的一艘渡船，然後把船沿著湖邊開，並拚命地演奏，把曲子奏得震天響。

隊長從箱子裡拿出一個大喇叭筒，遞給克洛克：「雷蒙德，我們的樂隊還需要宣傳，咱們當中你的嗓子最好，又有口才，這個任務就交給你了。你用大喇叭把我們的樂隊介紹給大家，讓人

們知道我們有多麼棒。這可是重要的一環啊！」

克洛克覺得這種宣傳方式非常新鮮，他興奮地接過喇叭筒，站上船頭，深吸了一口氣，在一瞬間就想好了台詞：「大家好，今晚請到愛迪加來跳舞，千萬別錯過了快樂的機會！」

克洛克好聽的嗓音透過大喇叭筒遠遠地傳送出去，岸邊正在遊玩的人們都循聲向渡船看去，發現了這個站在船頭的英俊少年，他黑黑的頭髮下面一雙閃著快樂興奮的光芒的大眼睛，聲音是那麼好聽！

常到湖邊的許多人中有倆姐妹，一個名叫艾瑟爾·弗萊明，另一個叫梅貝爾·弗萊明。艾瑟爾馬上就對克洛克好聽的聲音入迷了。

姐妹來自伊利諾州的梅爾羅斯公園，夏天來父母辦的一個旅館裡幫忙。這個旅館就在愛迪加大篷對面的湖邊。艾瑟爾的父親是芝加哥的一名工程師，他平時不怎麼來旅館，一直是姐妹倆的母親管理這個旅館，還負責做飯和大部分家務活，她是個精力非常充沛的女人。

姐妹倆聽了克洛克為他們樂隊做的「活廣告」後，晚上劃著小船就來到了愛迪加大篷，和許多人一起聽歌、跳舞。

人們聚集在愛迪加大篷內外，在美麗的月光下，伴著優美的音樂翩翩起舞。克洛克每當在演奏的間隙抬起頭，總會遇到艾瑟爾向他射來的火辣辣的目光，他也報以熱情的微笑。而且還加

入人群與艾瑟爾一起跳舞、唱歌。

舞會結束後，已經處得相當默契的克洛克和艾瑟爾並沒有馬上說再見，他們依然想再玩點什麼。於是克洛克邀請艾瑟爾和妹妹梅貝爾一起去吃漢堡和維也納烤肉。吃完飯，他們又藉著已經偏西的月光，在清風拂面的波波萊克湖上盪舟談心。

幾乎從一開始，克洛克和艾瑟爾就互相吸引了對方，接下來的戀愛幾乎是順理成章的，愛情的火焰在夏日的催動下迅速燃得熊熊，勢不可當。

家庭親情放在首位

一九一九年的夏天結束了，克洛克又回到了芝加哥，在金融區裡的紐約場外證券交易所當標牌注記員。他的僱主是一家名叫伍斯特—湯瑪斯的公司，聽起來非常有實力。

克洛克在公司裡主要負責閱讀鑿孔紙條，把上面的符號譯成價格，然後掛到黑板上供經常到他們辦事處來的人們仔細研究。

艾瑟爾也來到芝加哥，與她父親住在一起。

一九二〇年初，路易斯由於工作非常努力，被提升到了公司的管理層，並調到紐約工作。這家公司是西方聯合公司的一個子公司。這樣，全家人就都要跟著路易斯一起搬到紐約去了。

克洛克當然不願意，因為他已經與艾瑟爾處在熱戀當中，兩個人已經無法分離了。

克洛克說：「媽媽，我不想離開芝加哥，我在伍斯特—湯瑪斯公司做得很好。」

羅斯卻說：「你到了紐約，也可以調到伍斯特—湯瑪斯在紐約的辦事處去啊！」

克洛克不得不說出實情：「我不想跟艾瑟爾分開。」

羅斯說：「那也沒關係，你可以在週末和休假的時候回來看艾瑟爾。雷，你是我們家庭的一分子，如果你不跟我們在一起，你爸爸還會專心在紐約工作嗎？你也知道，你爸爸是透過多麼兢兢業業的努力才得到這寶貴的提升機會啊！」

克洛克不想再讓媽媽傷心，參軍的時候媽媽已經為他擔了好長時間的心了。他想了一會，然後跟父母商量說：「好吧，媽媽，我可以跟你們去紐約。但是，我想盡快和艾瑟爾結婚。」

羅斯聽了很驚訝，她說：「雷，你雖然離開學校自己闖蕩社會了，但你畢竟只有十八歲，你不覺得這麼小就結婚太有點操之過急嗎？況且，艾瑟爾的父母也不會同意你們這麼小就結婚的。就算人家同意，也要到了紐約再說。」

果然如羅斯所說，艾瑟爾的家人也表示不讓他們馬上就結婚。

　　本來，克洛克就已經厭倦了在伍斯特—湯瑪斯公司那種每天在黑板上掛標牌的工作，現在已經沒有什麼理由再等下去了，只好跟著家人去了紐約。

　　每到週末或休假的時候，克洛克就飛回芝加哥去與艾瑟爾相會。

　　克洛克到了紐約之後，父親給他在一家證券交易所謀了份做出納的差事。但克洛克很快就發覺自己不喜歡這份工作，幾乎每天簡直像被困在牢籠裡一樣，而且每天單調無聊的工作絲毫沒有一點挑戰性和新鮮感。

　　結果是，克洛克對這件事的煩惱只不過堅持了一年多一點。有一天清晨，克洛克像平時一樣趕去上班，卻看到辦事處已經被釘上了木板，上面貼著縣長宣布公司已經破產的布告。

　　這件事刺傷了克洛克，因為他們還欠著克洛克一星期的薪資和休假時間呢。他原本計劃下一週休假去芝加哥與艾瑟爾見面的。現在紐約的一切都已經沒什麼值得留戀的了，克洛克反而覺得輕鬆了，他覺得已經沒有什麼理由再等下去了，他決定離開紐約。

　　克洛克一回到家就告訴母親：「媽媽，我已經決定了，明天就離開紐約，而且我不想再回來了。」

　　羅斯雖然不願意兒子離開，但也沒有辦法。克洛克第二天就離開紐約回到了芝加哥。羅斯心裡十分憂傷，由於兒子的關

係，她也感覺自己不喜歡紐約了。

於是，羅斯就開始勸路易斯：「親愛的，我想工作雖然很重要，但它並不是生活的全部，我覺得全家人能在一起才是最重要的。現在雷一個人在芝加哥，我每天都為他擔心。我考慮再三，認為我們不如還是回芝加哥，回到以前幸福的生活中去。」

最終，羅斯說服了丈夫，路易斯放棄了提升的機會，一家人重又搬回了芝加哥。

一九二二年，克洛克和艾瑟爾都認為，他們等待的時間已經夠長了。雖然他們仍然是未成年的人，為了結婚，他們準備克服各種困難。

路易斯聽了，卻露出了不為所動的目光，並對兒子說：「雷，你現在就要結婚是不可能的！聽我說，你要結婚，首先必須有份穩定的工作。」

克洛克說：「想找份工作也不是難事啊，你所指的穩定的工作是……」

路易斯說：「我並不是說在旅館當跑堂或招待。我指的是一些有價值的工作。那樣你才能像個男人一樣承擔起對家庭的責任。你想，你總不能讓你的妻子和你一樣過著不穩定的動盪生活，對吧？」

克洛克回到自己的臥室，把爸爸的話仔細想了一下，他覺得父親說得對。穩定美滿的家庭對於一個人的事業是牢固的後

盾，自己想要給艾瑟爾幸福安定的生活，就必須要在結婚前有一份穩定的工作。

不過，世上還沒有什麼能難得倒堅忍頑強的克洛克，他幾天後就去為莉莉牌紙杯公司做推銷員了。他自己也不知道是什麼驅使他對紙杯有了興趣，也許主要是因為他們具有創新精神，而且正處在發展之中。克洛克敏銳地感覺到，這個新生事物將是美國向前發展的一部分，他一直喜歡有創新意識的產品。

克洛克想：這一回爸爸肯定會同意的。艾瑟爾的父母也在艾瑟爾的堅持下同意了。於是，兩個年輕人在經過了兩年多的戀愛之後，終於結成連理。

克洛克和艾瑟爾多麼高興啊！克洛克對新婚妻子說：「我感覺一切都是那麼的溫馨快樂，家才永遠是最讓人感到溫暖的地方！」

初為人父辛勤工作

一九二二年夏天，克洛克到莉莉紙杯公司做推銷員，他每天都要把裝著滿滿紙杯的箱子帶到大街上去推銷。

二十世紀初的時候，在美國賣飲料和冰點的都是用玻璃杯，紙杯這種東西還屬於一種新生事物，人們一時還不能接受。

所以，剛開始的時候要想賣掉幾個紙杯都是件很困難的事。每當克洛克走進一家餐館推銷的時候，餐館的老闆都會搖著

頭對他說：「對不起，我們已經有了玻璃杯，它們用著很好，而且還很便宜，人們已經用習慣了。我們不需要紙杯。」

克洛克在一次次碰壁之後，他反覆思索人們之所以不太接受紙杯的原因，然後尋找突破口。

很快克洛克就發現，紙杯乾淨衛生，人們如果用它們來買冷飲的話，需要帶走更方便一些，因為紙杯不像玻璃杯掉到地上那麼容易破碎，所以顧客就不必擔心不小心掉在地上。而賣冷飲的也不會常常因為店裡有人打碎了杯子而蒙受損失，並且，每天洗玻璃杯也確實使他們的手臂疼痛；如果他們為了給玻璃杯子消毒而把水燒得很開，又會有一片熱氣從冷飲店後面冒出來。

紙杯可以解決這些問題。於是克洛克得出一個結論：把紙杯推銷給冷飲店，比推銷給餐館要相對容易得多。

克洛克就利用自己總結出來的說辭來推銷，很快紙杯就在好多冷飲店中打開了銷路。

克洛克有了一些固定的顧客，但他幹得也很辛苦，每天從清晨一直到下午五點或五點三十分，他一直奔走在自己推銷區的人行道上，甚至有時候連早飯都顧不得吃。

本來克洛克還可以把時間延長一點，但他還有一份在晚上六點開始的工作，那就是在奧克帕克的廣播電台彈鋼琴。演播室在奧克帕克的阿姆斯旅館，離艾瑟爾和克洛克居住的兩層公寓樓只隔幾個街區。

在電台裡，克洛克和一個名叫哈里·索斯尼克的正式鋼琴師一起演奏，能用耳機收聽他們演奏的人稱他們是「鋼琴雙胞胎」。他們開始受到聽眾的喜歡。

當哈里·索斯尼克離開電台到著名的澤·康弗雷樂隊擔任鋼琴師的時候，他與克洛克的照片開始出現在樂譜的封面上。哈里在康弗雷樂隊取得很大成功後，成立了自己的樂隊，而且成了電台「轟動的遊行」節目中的固定演出人。

哈里離開電台，克洛克成了電台的專職鋼琴師，這樣一來，他每天就要完成兩份工作，必須在晚上六點趕到電台，演奏兩個小時，在晚上八點至十點之間休息，然後再工作到凌晨兩點。早晨七點左右，他就要帶著紙杯樣品出去尋找訂單。

這些有規律的工作只有在週日的時候才會中斷，那天莉莉公司會給克洛克放一天假，但電台不放假，他下午還得在電台工作幾個小時。週一晚上電台沒有節目，被人們稱為「安靜的夜晚」。

這年十月，艾瑟爾為克洛克生了一個可愛的女兒，克洛克做父親了！他抱著肉乎乎的小傢伙，一遍遍地親不夠。他為女兒取名叫瑪麗琳。

在高興的同時，克洛克也感覺肩上的擔子更重了，他決心要給女兒創造一個更好的生活環境，所以他更拚命地工作。週一，克洛克也不再閒著了，他和電台的廣播員休·馬歇爾還有一

份兼職——去一家劇院演出。

在接下來冬季的幾個月裡，克洛克有時會遇到交通阻塞，到達電台時要晚幾分鐘。這時，他會看見馬歇爾正對著麥克風侃侃而談，替克洛克拖延時間，一邊說著還一邊回頭向克洛克揮舞著拳頭怒目而視。

而克洛克一邊抱歉地笑笑，一邊迅速脫去大衣、解下圍巾，穿著套鞋就忙不迭地開始了彈奏。不過一彈起鋼琴來，他就自如多了。

有時，克洛克會遇到一個不認識的女歌手，要求克洛克為她伴奏，但那些歌曲克洛克從來也沒聽過，所以只得即席勉強為她伴奏。幸好他的良好音樂素質幫助了他，結果都相當好。

克洛克會在電台播出新聞的時候，抽空跑到洗手間去，這時才脫下套鞋，捧起涼水潑在臉上，使精神重新振奮起來，好讓現有飽滿的情緒堅持到晚上八點，結束後趕回家吃晚飯。不過只有一個多小時的休息時間，又要趕回電台，從十點堅持到凌晨兩點。

雖然如此緊張，但克洛克還是很喜歡這種充實而快樂的生活。當最後節目結束時，他精疲力竭地回到家中，一邊上樓梯一邊脫衣服，到了臥室頭一碰枕頭就睡著了。

後來，電台還讓克洛克擔任應徵新人員的任務，以便增加新的節目。有一次，兩個人在晚上前來應徵，他們分別叫山姆和

哈里。雖然他們唱的歌很糟糕，不過他們的笑話說得相當不錯，於是克洛克以每段笑話五美元的標準錄用了這兩個人。

山姆和哈里在克洛克的鼓勵下，保持了自己的風格，後來還搞出了一個南方黑人對話的節目，獲得了巨大成功。

克洛克還為電台應徵了很有鋼琴演奏風格的兩個人，一個叫利特爾·傑克，一個叫湯米·馬利。傑克的演奏風格很快就得到了聽眾的認可，後來傑克成名了，組織了自己的流行舞樂隊。

克洛克這樣拚命地工作，一刻也不得休息。艾瑟爾在體諒他的同時，也埋怨他總是把時間用在工作上，很少回家。克洛克感到很委屈：「我連一分鐘都不願意閒待著，為了我們活得更好，我必須做兩份工作來讓我們擁有更多的好東西。」

為此，克洛克經常在地方報紙的廣告中搜尋有關較富裕的郊區訊息，比如里弗福雷斯特、欣斯代爾和惠頓。他在報紙上找這些地方的房屋出售訊息，並經常出沒在這些賣房的地方，跟那些老闆們討價還價，買到了一些華貴的家具。

後來，克洛克終於在艾瑟爾的提議下，向電台申請到了一個在週六晚上休息的機會，艾瑟爾非常高興。

這樣一來，週六的白天克洛克就在芝加哥鬧市區的莉莉紙杯公司工作半天，下班後，拿著當天付給他的支票，在回家的路上找家銀行兌成現金，然後存下一部分，留下夠下週買東西的零錢，就匆匆趕回家中。

艾瑟爾早就把晚飯做好等著他了，吃完飯，他們穿上自己最好的衣服，乘高架鐵路到芝加哥，去看那些劇場的演出。演出結束後，兩個人再到亨利茨去喝咖啡，回家時再買一份週日當天的報紙。

克洛克覺得這種日子過得非常有趣，他工作的積極性越加高漲，當然業績也隨之上升，這更提升了他的自信心。後來，克洛克就不需要再用很多的話去說服顧客，而是直截了當地向他推銷的對象要訂單，這種方法往往會收到意想不到的效果。

推銷攀上新的高峰

一九二五年的春天，克洛克的推銷進入了一個新的境界，雖然他依舊奔波在推銷紙杯和為電台工作中，但他卻並不滿足每週三十五美元的薪資了，他發誓要使自己的推銷能力更上一層樓。

為此，克洛克一直在尋找機會，怎麼才能把餐館這個領域的市場打開呢？

這一天，克洛克來到了芝加哥南部。他早就聽說，當地有一家叫沃爾特‧鮑爾斯的很大的純正的德國餐館。

克洛克到了鮑爾斯餐館一看，果然生意非常紅火。克洛克決心拿下這家餐館。克洛克心想：「如果把這樣一個大客戶爭取過來，那以後的工作就好辦多了！」

　　克洛克走了進去，找到了那個瘦瘦的、高高的普魯士人——比特納經理。經過多次與之交談，克洛克發現，比特納是一個對自己要求很嚴的人，他總是很有耐心地聽克洛克向他滔滔不絕地介紹莉莉牌紙杯，然後很有禮貌地說：「哦，謝謝您詳細的介紹，不過，我們不買。」

　　克洛克為此感到很失望，他感覺這個比特納是一個水火不進的傢伙，一次次讓自己碰釘子。這反而更激發了克洛克好勝的慾望：「我就不信拿不下你這家餐館！」

　　這一天，克洛克又來到了沃爾特·鮑爾斯餐館。

　　比特納用往常的方式來對付克洛克：耐心地微笑著聽克洛克兜售他的紙杯；然後委婉地很有禮貌地拒絕；然後微笑著看著克洛克走出餐館大門，然後向他告別。

　　克洛克再次遭到打擊，他低著頭，神情沮喪地慢慢走出餐館。心裡這時也不由打起了退堂鼓：「這塊骨頭真是太難啃了！」

　　正午的陽光向地面散發著它的光輝和熱度。突然，克洛克感覺餐館後門那裡有個東西反射出來的強光照射著他，使他一時睜不開眼睛。他又向那裡走了幾步，仔細一看，原來是一輛閃光的馬蒙牌轎車。

　　這輛漂亮的轎車是銀白色的，車身剛剛洗過，在太陽下發出耀眼的光芒。克洛克羨慕地看著那輛車：「誰能有這樣一輛車，那在美國也會是一種成功的標誌。如果我有一天也能擁有一輛這

樣的車，天天開著上下班，去拜訪那些分散在各地的客戶，那是多麼美妙的一件事啊！」

克洛克一邊憧憬著，一邊情不自禁地走到了轎車跟前，仔細地打量著。這時，一個中年人走到克洛克面前，微笑著跟他打招呼：「你好，你喜歡這輛車？」

克洛克抬頭一看，這位先生戴著金絲眼鏡，穿著得體，很有紳士風度。

克洛克回答道：「是的，先生！」說到這裡，他的心裡不由靈機一動。他早就聽人說過，餐館的主人鮑爾斯先生是一個嚴謹聰明，很有傳奇色彩的德國人。他再次仔細打量這位紳士，外貌和氣質跟人們說得很符合。

於是克洛克試探地問：「請問，您是鮑爾斯先生，對嗎？」

那位紳士笑著回答：「沒錯，我就是鮑爾斯。」

克洛克說：「哦，鮑爾斯先生，真高興能在這裡與您巧遇，我在想，假如我能有一輛這樣的車，那您恐怕已經有了羅得島和天堂。」

鮑爾斯聽克洛克說得這麼有趣，不由笑了。接下來，他們在一起談了一陣小轎車的事。克洛克說：「我曾坐在一輛斯圖茲・比爾卡特『嘎嘎』作響的汽車上，走在鄉村的土道上。那輛破舊的汽車叫得就像一隻鴨子一樣。哦，我那時正在做絲帶推銷的生意。」

鮑爾斯蠻有興致地聽著這個年輕人講述，附和地說：「那真是一個人生活中比較有意思的一段經歷啊！」

他們又閒聊了半個多小時，克洛克又給鮑爾斯講了在波波萊克湖上泛舟的有趣故事。鮑爾斯也說：「那段生活也許你一輩子也忘不掉吧？」

克洛克說：「可不是嗎？您知道夏天的夜晚，在明亮的月光下，伴隨著美妙的音樂在湖上泛舟，那真是神仙也羨慕的生活。」

鮑爾斯說：「你雖然年紀不大，但經歷得似乎不少呢。並且我發現，你跟我有許多相同的愛好。」

克洛克無奈地笑了笑：「可是現在我卻在您這兒遇到了困難。」

鮑爾斯似乎有點意外，但還是笑著問：「你是哪家公司的代表？我們與你做過生意嗎？」

克洛克說：「先生，我是莉莉紙杯公司的，想向您的餐館推銷這種紙杯，可是您的經理比特納先生每次都讓我碰釘子。」

鮑爾斯說：「呵呵，是嗎？餐館的生意一直都是由比特納來打理，我不過問具體的細節。不過我相信你一直在堅持著，對嗎？」

克洛克說：「是啊，我從來都不是一個輕言放棄的人，而且

我肯定紙杯確實是一種很有前途的事業，所以我一直都沒有放棄。」

鮑爾斯看著克洛克臉上堅毅的表情，上前拍了拍他的肩膀：「嗯，好樣的年輕人，那麼，你纏住他繼續努力吧。比特納是個不好對付的人，他做事愛較真，有時候連我都對他無可奈何。」說著他無奈地向克洛克聳了聳肩膀。

克洛克聽到這裡，心不由向下一沉。

鮑爾斯接著說：「不過比特納辦事公道，這也是我用他做經理的原因。我想，如果你如此堅持下去，只要你的紙杯確實能給餐館帶來好處，他是會給你機會的。」

克洛克從鮑爾斯這裡得到了鼓勵，他繼續堅持向比特納發出攻勢。

終於，幾週以後，克洛克從比特納那裡得到了第一個訂單，而且那是一個實質性的大訂單。

拿到訂單之後，克洛克高興地對妻子叫道：「艾瑟爾，快來看啊！天哪，我終於成功了！」

聽到克洛克的喊聲，艾瑟爾抱著女兒瑪麗琳從裡屋走出來，問道：「雷，什麼事讓你高興成這樣？」

克洛克把女兒接過來，將訂單遞給艾瑟爾：「你自己看吧，艾瑟爾，我終於把鮑爾斯餐館拿下來了。這可是本地最大的訂單

啊，真是太好了！」克洛克說著，將瑪麗琳高高地舉過頭頂，並不停地使勁親著女兒的小臉。

艾瑟爾心裡也十分高興，他敬佩地看著丈夫：「雷，你真棒，一直都是！」

克洛克叫道：「我當然是，世上沒有我說服不了的客戶，沒有我拿不下的訂單！」說著興奮地把妻子和女兒都擁在懷中。

從此，克洛克的銷售生涯邁上了一個新的高度。而比特納也的確是一個公道守信的人，他把所有的紙杯生意都給了克洛克。

由於著名的鮑爾斯餐館的帶動作用，其他餐館也都隨之效仿，也紛紛用起了紙杯。於是，克洛克的訂單與日俱增，順利將紙杯在餐館這一領域全面展開了。

克洛克其他的生意也在順利發展，努力使他的薪資得到了提高。有了這些錢，再加上晚上在夜總會和電台彈鋼琴的額外所得，在這年的八月，克洛克就到福特車的銷售點去以波希米亞人的付帳方式——現金——買了一嶄新的 T 型福特轎車。

佛羅里達得到教訓

克洛克一直堅持著讀早報的習慣，那段時間，他發現報上每天都用大幅來報導有關南方的佛羅里達商業發展的情況。報紙的漫畫把面向南方的人口流動與一八四九年的淘金勢相提並論，

在人們眼中，佛羅里達已經成為平民致富的天堂。

與克洛克相識的許多推銷員，已經經受不住「遍地都是金子」的佛羅里達的召喚，帶著全家遷到那裡去「淘金」了。

克洛克一直是推銷員中最優秀的，他豈肯甘居人後？！於是他也動心了，也想去「創業者的天堂」嘗試一下，於是他向公司提出請五個月的長假。恰好冬天正是紙杯的銷售淡季，上司也早計劃給克洛克休長假的機會當作獎勵，就同意了。

克洛克到各個客戶那裡去，告訴他們在五個月內不會有人找他們，但自己將會及時趕回來，給他們上滿貨，供明年夏季使用。

克洛克回到家就設法說服艾瑟爾與他一同前去佛羅里達。並且說明，他也留了後路，五個月後回到芝加哥莉莉公司繼續推銷紙杯。

艾瑟爾同意去，但條件是讓她的妹妹梅貝爾與他們同行。

克洛克說：「這當然好了，人越多就越熱鬧。」

於是，克洛克和艾瑟爾存放好了家具，帶上了一些必備的生活用品，就發動了他們的Ｔ型福特車，沿著老的迪克西公路向南開去。

那真是一次難忘的旅程，離開芝加哥的時候，似乎他們每走十公里至二十公里就爆一個輪胎，等抵達邁阿密的時候，留在

車上的輪胎已經全不是原來的了。

每到這時，克洛克不得不把汽車頂起來，拉出輪胎，給那些不賣力的內胎打補丁。有時，就在他正準備充氣的時候，另一個輪胎就會突然「砰」的一聲爆了。

路況相當糟，尤其是透過喬治亞州的那段紅土路，有一段被水沖垮了，那裡簡直是一片澤國。艾瑟爾將瑪麗琳抱起來放在自己的膝蓋上，手扶著方向盤駕駛，而克洛克和梅貝爾則要在後面推車，每走一步都要付出相當大的體力，因為紅土都沒過了膝蓋。

到了佛羅里達最主要的城市邁阿密時，艾瑟爾感到了巨大的失望，因為這裡到處都是坐著木筏來與他們一樣尋找發財機會的人們。城裡大部分的房子都已經租出了，他們為了找到一個滿意的住處幾乎找遍了整個城市。

最後，在城中的一座舊式的大房子裡發現了一個廚房和配膳室，裡面有一張雙人床、一張單人床、一張桌子和一套椅子。房子的其他地方放滿了吊床，被一群男房客占用了，而唯一的洗澡間也要與他們共用。

條件雖然簡陋，但至少這還是個住的地方吧。克洛克一家總算是舒了一口氣。

克洛克在一家做房地產生意的莫朗父子公司謀了份差事。該公司正準備在拉斯奧拉斯大道一帶的羅德岱堡謀求發展。有人

告訴克洛克，這家公司有二十輛七個座的哈德遜車。如果你的銷售額進入前二十名，你在工作時就可以得到一輛哈德遜車和一個司機。

克洛克當時就說：「這簡直就是為我準備的。」後來事實證明，天生的優秀推銷員克洛克的業績在公司裡一路絕塵，遙遙領先於其他業務員，他很快就得到了一輛公司獎勵的嶄新漂亮的哈德遜車和公司配給的司機。

梅貝爾也找了份祕書的工作，她搬到了自己的公寓房裡去住了。艾瑟爾自己收拾家裡，還要帶孩子，整天忙忙碌碌的。

每天，克洛克都到邁阿密商會打聽從芝加哥地區來的旅遊者名單，然後給他們打電話，向他們介紹自己在這個瘋狂投機的長滿棕櫚樹的土地上看到的激動人心的發展情況。他出色的口才和充滿激情的解說使這些旅遊者都著了迷。

克洛克又用汽車帶著他們從公路到羅德岱堡，讓他們親眼目睹在「新河」沿岸、河與海的連接處所發生的一切。雖然當時地產還在水下，但是下面有珊瑚礁的固體河床，而且疏濬工作已經讓入海口的土地露出來，與陸地有永久的橋台相連。

克洛克說服一些人買下了這些地產，儘管當時價格確實是很驚人的，但買了這些土地的人確實在多年後都賺了幾倍的利潤。

克洛克這時發現，當時與他打交道的人大多是上了年紀的

人，他自己那張二十三歲的臉顯得太稚嫩了一些。為了增加給人的信任感，他還留起了鬍鬚，不過沒有留多長時間，就在艾瑟爾的抱怨聲中剃掉了。

正在這個時候，北方報紙報導了佛羅里達的房地產業中的許多醜聞，好多興致勃勃想到這裡投資的人都害怕了，不敢再到這裡來投資了。

克洛克受到了巨大的打擊，他正在莫朗父子公司的事業剛剛步入一個高峰期，正積極嚮往出售土地的活動時，整個生意卻如空氣一般消失了。

一連幾天，克洛克都陷入沉默之中，客戶一天比一天少，眼看著銷售額急遽下降，下一步該怎麼辦呢？

這天，克洛克又在與其他房客共享的起居室裡，一邊思忖著下一步該幹點什麼，一邊打量著那台很老的豎式鋼琴。

這時，有一個小夥子隔著紗門喊克洛克：「你喜歡做演奏鋼琴的工作嗎？」

克洛克眼前一亮：「在哪裡？」

「在棕櫚島上，一個叫『夜晚靜悄悄』的豪華夜總會。韋拉德魯賓遜的樂隊正在招鋼琴師。」

那人讓克洛克穿上那套藍色的西服，然後帶他去面試。

面試官聽了克洛克的演奏之後，對他說：「你彈得不錯。你

的變調演奏很準確，而這正是我所要求的。」

走出大廈，克洛克再次感覺，佛羅里達的天空再次陽光明媚了。

克洛克和樂隊在「夜晚靜悄悄」夜總會演出的音樂取得了很好的效果，他每週的平均收入達到了一百一十美元。他們一家也終於從那間舊房子裡搬出來，住進了一套新建的三間半帶家具的公寓房。

可是克洛克沒有想到，「夜晚靜悄悄」夜總會雖然富麗堂皇，但卻做著非法的勾當。老闆是一個酒販子，定期派人非法把酒從遙遠的巴哈馬群島運到這裡，以此來吸引更多的顧客，從而賺更多的錢。

有一天晚上，稅務官來了，他們突然襲擊，保全還沒來得及向老闆報告，他們就衝了進去。稅務官查封了夜總會，並將所有人都捆進了監獄。

雖然克洛克沒有參與那些非法的勾當，在監獄裡總共只待了三個小時就被查明並放了出來，但他還是感到了深深的屈辱：「如果我的父母發現我和一幫合夥違反禁酒法的人一齊被關進監獄裡，他們一定會不再認我了！這是我一生中最不舒服的一百八十分鐘。」

這件事也讓艾瑟爾感到不快，雖然從經濟上他們已經相當有基礎了，而且她也喜歡上了那套公寓房，但她還是想盡快回芝

加哥。至少在芝加哥，克洛克雖然整天忙於工作，但是她還有親戚和朋友，不至於整天寂寞孤獨地待在家裡。而在這裡，就連妹妹也幾乎沒來過一兩次。

最終，克洛克也打定了主意：「好吧，我們回芝加哥去，不能再讓家裡人為我們擔心了。而且我看佛羅里達除了房地產，其他也並非如我們當初想像的那樣充滿了商機。回芝加哥吧，那裡才是我們的根。」

雖然他們給公寓房付的租金可以延續到三月一日，但艾瑟爾已經迫不及待了。於是，二月中旬克洛克就把她和女兒送上了去芝加哥的火車，因為他還要在兩週內應徵到新的人員代替他才能離開。

辦妥了在邁阿密的所有事宜，克洛克一個人開著他那輛 T 型福特車返回芝加哥。

克洛克回到芝加哥父母家中那一天，路易斯和羅斯都表現出了從未有過的熱情，走出家門來迎接他。艾瑟爾給又冷又餓的克洛克做了熱湯，並讓他睡在暖和的床上。

克洛克端著熱氣騰騰的湯，幾口就喝了下去，走進臥室，艾瑟爾早就把床鋪好了。他一頭倒下，馬上就睡著了。

等克洛克再睜開眼，一看時間，這一覺他竟然睡了十五個小時！

推銷事業更進一步

一九二五年，克洛克結束了佛羅里達的淘金之旅，回到莉莉公司重操推銷紙杯的舊業，他對艾瑟爾說：「放心吧，艾瑟爾。我發誓，這將是我唯一的工作，我將依靠這項工作來維持我們的生活，不再做兼職。你以後不用再為我操心了。」

艾瑟爾問克洛克：「雷，你不再彈鋼琴了？」

克洛克笑著說：「當然還彈，但那純粹將是一種娛樂，我要把所有精力都用於推銷紙杯上。你知道，我有足夠多的老客戶，而且還可以去發展新的客戶。我會在這個行當幹得更出色，我們的生活也會越來越好。」

艾瑟爾幸福地親了克洛克一下，放心地說：「我相信你。」

克洛克把所有精力都用在了紙杯的推銷上，每天下班回家，就與艾瑟爾一起共進晚餐，然後再跟女兒玩一會。週末有時間的時候，他還喜歡教女兒彈鋼琴，過了一段幸福、踏實的生活。

從一九二七年至一九三七年，十年間美國的紙杯行業發展到了最高峰。

這期間，由於美國頒布了禁酒令，冰淇淋業迅速發展起來，美國成了一個冰淇淋的大賣場，走在大街上，來來往往的都是手裡拿著紙杯吃著冰淇淋的人們。在冰淇淋的帶動下，賣奶製

品的商店也隨之蓬勃而起。

　　紙杯幸運地成為了人們日常生活當中的主角，消費量逐步攀升。

　　克洛克整天都沉浸在這種幸運帶來的激動之中。他跑遍了芝加哥的大街小巷，到處兜售紙杯。他根據顧客不同的需求推銷不同的紙杯：把小規格的杯子賣給推車售加味冰的義大利人；把盛軟飲料的杯子賣給林肯公園和布魯克菲爾德動物園裡的商店；把臥式杯子賣給銷售義大利糕點的商店。

　　有一次，克洛克聽說在老朗代爾一帶居住的波蘭人經常會吃一種紫色的帕維得拉奶油，據說這種奶油的銷售情況相當不錯。於是他立刻去了那裡賣奶油的店鋪，向他們推銷莉莉牌紙杯。

　　就這樣，一些原來還沒有用紙杯的行業，也在克洛克的挖掘下，開始使用莉莉牌紙杯了，紙杯幾乎占領了所有行業。

　　一九三〇年的時候，紙杯的銷售已經走上了最鼎盛的巔峰。克洛克聽到一些似乎很有經驗的推銷員說：「我們已經把所有可能的客戶都拉到了，紙杯的市場已經達到飽和了，不可能再開拓新的市場了。」

　　克洛克卻不這樣認為，他又像小時候一樣陷入了自己的空想狀態：「真實情況是這樣嗎？不，一定還存在著潛在的市場，我一定要把它挖出來！這才是偉大的推銷員應該做的。」

　　夏天的一個上午，克洛克去拜訪他的老客戶——位於城市繁華地段的沃爾格林公司商店。他們是賣冷飲的。

　　沃爾格林公司是一家發展形勢大好的公司，克洛克一直向他們提供一種規格的紙杯。這種杯子有很多褶，人們把它稱為「擠壓杯」，因為你可以握住杯底把冰擠上來舔。

　　盛夏的驕陽炙烤著市區的柏油路面，人們走在路上都像是在一個天然的大蒸籠裡一樣，汗水怎麼擦也擦不淨。沃爾格林公司商店的飲食部前擠滿了買啤酒或飲料的人，買到手的人都迫不及待地「咕咚咕咚」幾大口氣把啤酒或飲料喝乾，然後繼續趕路。

　　克洛克就站在不遠處，看著來來往往的人又發起了呆：「這是多好的黃金一般的機遇啊！如果他們不單單只是在這裡買杯啤酒喝，而是可以用紙杯盛裝著預備路上喝的啤酒或飲料的話，那市場將要比現在大得多！」

　　這個激動的想法推著克洛克走進了沃爾格林公司飲食服務部。那個胖主管一見到克洛克，就熱情地伸出了手，紅紅的臉膛放著光：「你好，我是麥克，請問有什麼為您效勞的？」

　　克洛克把自己的設想詳細地跟麥克講了一遍。

　　麥克聽後，長著捲髮的大腦袋不停地搖晃，他揮著手連連說：「不，不，你瘋了，你把我當成了三歲的小孩子了吧？用這種幼稚的辦法來哄騙我。我們賣啤酒一直都是顧客隨買隨喝的，

這樣一杯就可以賺十五美分，如果再花一點五美分去搭上一個紙杯，那我們就會賺得更少。這種賠本的生意誰會做？」

克洛克詳細為麥克分析說：「你聽我說，雖然你用很少的錢搭了一些紙杯，但那樣你卻能夠賣出更多的飲料和啤酒啊！你看，可以在櫃台上設置一個專賣這種東西的攤位，顧客如果需要帶走，那只要在杯子上加一個蓋子就行了。這樣豈不是給了顧客方便？另外，這種杯子還可以用來盛冷飲櫃的香草餅乾什麼的，用完了用口袋一裝就可以拿出去扔了，方便得很。」

麥克覺得克洛克的想法簡直有些荒謬可笑，他皺著眉頭，仰臉向天，用眼睛的餘光瞥著克洛克：「你不用再囉唆了。如果我多花了這些錢，又怎麼能保證肯定能多賣出啤酒呢？另外還要讓員工們浪費時間去給杯子加蓋子，那根本就划不來。這簡直就是天方夜譚。」

克洛克雖然一時沒有說服麥克，但他並沒有放棄。不過麥克提出的想法也讓他找到了突破口。

這天，克洛克再次走到了麥克的面前。麥克瞇縫著眼睛瞧著他，似乎感覺這個瘋子真是難纏。

克洛克並不在乎麥克的厭煩，他鎮定地說：「麥克，你有沒有想過，你能透過什麼方法再提升你的啤酒銷售量呢？唯一的辦法就是，把飲料和啤酒賣給那些不坐板凳的人。」

麥克感覺很可笑，但他看克洛克說得這麼認真，還是不由

問道：「你有什麼辦法？」

克洛克一看有門，就接著發表他的演講：「那好，我來告訴你我準備為你做些什麼：我打算給你兩百個或者更多一些帶蓋的杯子。」

麥克疑惑地看著克洛克：「帶蓋的杯子？」

「是的，這些杯子我已經給你加過蓋了，你不用擔心會浪費員工的時間了。」

麥克問：「然後呢？」

克洛克說：「然後，你就用這些杯子先做一個試驗。沃爾格林總部的員工有很多吧？而且他們都在這條街上，我相信在那些買了就走的顧客裡，肯定有很多就是你們沃爾格林公司的職員。那我們用實驗來證明一下，他們是不是會喜歡上這種杯子。」

麥克不由心裡佩服這個年輕人的想法確實有創意，但他還是猶豫說：「但買這些杯子……」

克洛克笑著說：「你聽我說完。這兩百多個杯子我是免費送給你做試驗的，如果試驗效果不佳，我絕不會再向你推銷我們的杯子。這樣你總放心了吧！」

麥克說：「既然你想得這麼周到，我也覺得這個想法不錯，那我們就試一試吧！」

試驗結果令麥克大喜過望。第一天人們就喜歡上了這種方式。不到一週，麥克就下決心向克洛克下訂單了。於是在這批杯子快賣完的時候，麥克就連忙將克洛克領進了沃爾格林公司總部的採購部。

克洛克順利拿下了沃爾格林這個規模很大的公司，每當沃爾格林新拓展一個新商店，克洛克就會有一大筆生意上門。

克洛克在銷售業績不斷超越紀錄的同時，也贏得了其他推銷員的一致推崇。

從此，克洛克轉變了他的推銷思路，他向韋斯特賽德地區用手推車做買賣的人兜售杯子的時間越來越少，而大部分精力都放在開發新的大客戶上。比如沃爾格林這樣的大客戶，每年都會有數十萬杯子的銷量；還有比阿特麗斯奶製品商店、斯威夫特公司、阿穆爾公司以及自己有內部食品服務系統的大工廠，比如美國鋼鐵公司等。這些成功都給克洛克帶來更多可以開拓的領域和更多的機遇。

克洛克憑自己的業績被公司提升為銷售部經理，負責管理公司所有的推銷員。

於是，他又多了一項任務：培訓公司的推銷員！

面對不公據理力爭

一九二九年，美國股市全面性崩潰，進而引起了經濟大蕭

條，從而使整個國家大踏步地向後退了許多。

在經濟崩潰的時候，克洛克的父親路易斯遭受了很大的損失。自從一九二三年他放棄在紐約的職位回到芝加哥，就開始搞房地產投機生意，並為此還參加了房地產函授班。

後來，他在伊利諾州東北部有些零星的地產。有一次，他花六千美元在伯溫買了一塊地，時間不長就轉手賣了一萬八千美元！於是，路易斯不停地忙於增加他的地產，但是卻忽視了將要有經濟崩潰的各種警告性信號。

市場崩潰後，路易斯就被砸在無法賣出的一大堆地產上，為此欠下了一大筆債務。這對於一向比較保守的路易斯是一個無法接受的局面，他病倒了。

一九三二年，路易斯死於腦出血。他至死都在為自己擔憂，在他去世的那天，他的桌上有兩張紙：一張是電報公司給他的最後一張薪水支票；另一張是扣除他全部薪水用以抵債的通知單。

父親死後，克洛克一家陷入了巨大的悲痛之中，每當克洛克想起父親生前對自己的種種疼愛和關懷，每當想起父親是在困頓當中死去，他都心如刀絞一般。

有一天早上，克洛克心情沉重地去公司上班，剛走進公司，銷售經理約翰‧克拉克的祕書走過來對他說：「克洛克先生，經理請您到他的辦公室去一趟。」

克洛克走進了克拉克經理的辦公室。

克拉克說：「雷，請關上門。我想單獨和你談一談。」

克洛克問道：「您找我來有什麼事嗎？」

克拉克說：「是這樣的，你也知道現在經濟處在大蕭條時期，我們公司也毫不例外受到了影響。莉莉‧圖利普公司從紐約總部發下來一份命令，命令我們公司的每位員工都有義務削減百分之十的薪資。此外，由於汽油、機油、輪胎的價格已經下跌了，所有人的車輛補貼也要從每月五十美元減少至三十美元。」

說到這裡，克拉克很在意地看了一眼克洛克的表情，然後接著說：「說實在的，我非常欣賞你的工作。不過這次削減薪水和補貼適用於每一個人，從上至下都一樣，就連我自己也不能例外，所以我想請你理解這個命令。」

這對克洛克確實是一個打擊。他第一次真正憤怒了。他在乎的不是薪水的減少，而是對他個人成就的侮辱。他們怎麼能用這種武斷的方法對待自己最好的推銷員呢？

克洛克知道他自己為公司掙了多少錢。莉莉公司即使在這種情況下，也是同行業中受影響最小的。可以說，光克洛克自己就為公司多賺了好多錢。大家都很清楚。

克洛克心中升起了怒火，他盯了克拉克好一會兒，然後用平靜的語調輕聲說：「噢，我很遺憾，但我不能接受。」

　　克拉克看著氣得臉都變了形的克洛克，盡量誠懇地對他說：「但是，雷，你沒有別的選擇。」

　　克洛克的聲音一下就提高了：「我沒有別的選擇！我辭職。現在就給你提前兩個星期的通知，如果想讓我今天走的話，我今天就走！」

　　克拉克被克洛克的暴怒震住了，但他仍然努力使自己的聲音保持沉穩：「雷，冷靜點。你並不打算離開公司，這你是清楚的。這是你生活中極大的一部分。這是你的生命。你屬於這裡的公司和你的同事。」

　　克洛克極力控制著自己的脾氣，以便能把下面的話順暢地表達出來：「我知道這是我的生命。」說完這句話，他的聲音又高了起來，「但是，我不會在這棵樹上吊死。情況變好時，我也沒有得到什麼獎勵，我不能接受。把我和一些給公司帶來問題的人同等看待，這是不能接受的。那些人是公司裡多餘的人中的一部分，我是那種有創造力的人。我帶來了錢，我不想把自己和那些人歸在同一類。」

　　克拉克理解地說：「雷，你不要這樣激動。請聽我說，我自己也是要削減薪水的，這次不是針對某些人，而是公司全體的行為！」

　　「你去接受好了，那是你自己的事。兄弟，你接受好了，但我不會接受，我是不會的！」

「雷，公司的這個政策是為了給更多的人提供更大的利益，也就是說，在經濟不景氣的情況下保證我們所有人的就業機會。」

克拉克想像著他們爭吵的聲音穿過牆傳到了外間辦公室裡受到驚嚇的祕書和職員的耳朵裡，盡一切辦法安撫克洛克，但是無論怎樣都不能使克洛克平靜下來。克拉克越是勸他，他就越變得瘋狂！

克拉克沒有辦法，他只好用一句話來停止了爭吵：「雷，我希望你仔細想一想，你就會理解這是處理問題的唯一公平的辦法。這一政策的目的是為了給更多的人提供更大的利益。除此之外，別無辦法。」

克洛克邊向辦公室外面走邊說：「好吧，我可以準確地理解它，但我拒絕接受這種辦法。公司已經榨乾了我的每一個銅板。現在，這些微小的事情變得有些棘手了，你們就讓我犧牲美元。但我不準備這樣做。你可以為保留工作而減少百分之十的薪水。我現在就辭職。」

克洛克一分鐘都不願待在那兒了，離開公司辦公大樓的時候，他帶走了平時裝樣品的包。

回到家裡，克洛克沒有告訴艾瑟爾在公司裡發生的事情，他知道她如果知道自己辭職的事將會怎樣難過。克洛克對前途感到有點擔心，但是他把這一點隱藏了起來，就像什麼也沒發生一

樣。

　　每天早晨，克洛克仍舊吃過早飯後帶著裝樣品的包按時走出家門。他坐上高架火車到鬧市區一角的一個自助餐廳，在那裡喝咖啡，翻閱應徵廣告，然後，一整天都去參加各式各樣的招工面試。

　　克洛克當時尋找的是能夠向他提供比錢更重要的工作，能夠讓他真正參與進去的工作，但一直過了幾天都沒有找到。

　　三四天後，艾瑟爾帶著異樣的表情責問克洛克：「這幾天你都到哪兒去了？」

　　克洛克疑惑地反問妻子：「什麼意思？」

　　艾瑟爾說：「克拉克先生打來電話，問我知不知道你在哪兒。」

　　克洛克仍然說：「我能去哪兒？」

　　艾瑟爾生氣了：「雷，你別在跟我裝了好嗎？我對克拉克先生說你每天早晨都按時出去，但他說你已經有四天沒有去公司了。你到底在幹什麼？發生什麼事了？」

　　克洛克支吾說：「我在找期貨訂單呢！」

　　艾瑟爾說：「但克拉克先生對我說，他最想做的一件事就是明天早晨能在公司見到你。你想怎樣？」

　　克洛克這時反而平靜下來說：「現在我告訴你，我辭職了。」

　　艾瑟爾一下瞪大了眼睛：「你這樣做是背叛！背叛了我和瑪麗琳！是你的自負讓我們失去了生存的保障。現在的日子是多麼艱難，不管是誰都難找到工作，你讓我們以後怎麼生活？！」

　　克洛克很明白這些，但他不準備妥協。他把氣得發抖的艾瑟爾摟在懷裡，安慰她說：「艾瑟爾，親愛的，別擔心，我會找到事做的。如果實在不行了，我還可以再去彈鋼琴的。」

　　但是，晚上克洛克仔細考慮了一下，覺得自己的想法不對。過去有多少個夜晚，他都出去彈鋼琴，而把艾瑟爾一個人丟在家裡獨守空房。於是他又對艾瑟爾說：「親愛的，我覺得這樣做對你不公平。好了，我明天一早就去公司見克拉克。」

　　第二天，克洛克走進克拉克的辦公室，克拉克用嚴肅的目光看著他，然後問：「你這幾天去哪兒了？」

　　克洛克不慌不忙地回答：「我到外面去找工作了。我已經告訴過你，我不準備待在這兒了，原因你也很清楚。」

　　克拉克看了克洛克一會，然後目光變得很誠懇：「噢，雷，冷靜一點，關上門，請坐。這只是暫時的決定，等經濟形勢好轉了就不會這樣了。你應該知道公司出於無奈才作出這樣的決定。你不能離開這裡，你屬於這裡的一部分。你必須承認，你愛你的工作。」

　　「是的，我承認。但是不管怎麼說，我覺得這樣對待一個最好的推銷員是一個巨大的錯誤。我覺得得到這種待遇簡直是一種

侮辱。而我，雷蒙德‧克洛克，是不能容忍這一點的。」

　　克拉克站起身來走到窗邊向外面看了看，兩隻手插在口袋裡，沉默了幾分鐘。最後，他轉過身來對克洛克說：「好。請給我幾天時間，看我能不能解決問題。你先去照樣工作，就像什麼事也沒發生一樣，我會在三天之內給你答覆的。」

　　克洛克想了一下，說：「那好吧，我可以等兩三天。」

　　第三天下午很晚的時候，克拉克叫克洛克到他辦公室去。

　　克拉克對剛走進門的克洛克說：「請關好門，坐下。好，雷，這是絕對的機密。現在我們來談要做的事。是這樣的，我已經為你做好了安排，讓你得到一筆特別的補貼，以補償你被削減的百分之十的薪水，每個月補償一次。不過，這個安排整個公司只對你一個人，因為我們不能失去你這樣優秀的銷售經理。現在，你會留下來了吧？」

　　克洛克心裡一下就釋然了，他回答說：「非常感謝你，克拉克先生。有了這一條，那麼，我會留下來的。」

　　離開克拉克辦公室的時候，克洛克感覺自己好像長高了幾公分，他終於贏了！這份好的獎賞應該歸功於艾瑟爾，他要趕快回家把這個好消息告訴她。

自己創公司

只要你下定決心，就沒有幹不成的事！不要為某個難題而產生無用的煩惱，不管遇到多麼重要的事情，都要讓自己睡好。——克洛克

發現商機面對抉擇

　　辭職風波平息之後，克洛克知道，他要比過去更加努力地工作，為公司銷售更多的產品。克拉克為他說了話，他總要讓總公司知道自己是很有價值的，他願意這樣做。

　　但是，克洛克與克拉克之間還有其他的爭吵，通常都是因為克洛克堅持保護他的客戶。絕大多數客戶對克洛克都非常信任，當他到商店去的時候，客戶們只是對他揮揮手笑一笑，相互間就像朋友一樣。克洛克通常會囑咐客戶要多存點紙杯，並暗示紙杯可能會漲價的。

　　克拉克知道之後，生氣地說：「你為什麼要讓你的客戶存貨呢？」

　　克洛克知道他的意思，就說：「但是，我這麼做並沒有讓莉莉公司損失什麼啊！」

　　克拉克雖然生氣，但又無話可說。

　　克洛克手下有十五個推銷員，他經常以聊天、討論的方式對他們進行培訓。

　　克洛克一直強調推銷員要有個好的外表，他說：「要穿熨得平整的西服，擦得很亮的鞋，頭髮要梳得整齊，指甲要乾淨。也就是說，外表要鮮明，行動才能鮮明。首先要推銷的是你自己。你這樣做了，推銷紙杯也就容易了。至於怎麼管好我們的錢

呢……」

　　一天早晨，克拉克又把克洛克叫到了辦公室。

　　克洛克一走進去，克拉克就用陰沉沉的目光看著他，並對克洛克對他友好的問候無動於衷。他說：「請關上門，雷。我有件事要跟你好好談談。」

　　克洛克關上門坐下，克拉克怒睜著兩眼盯著他：「聽說你在告訴你手下的推銷員如何先花公款後賺錢的辦法？」

　　克洛克說：「是的。」

　　克拉克一下就火了：「滾出去！」

　　克洛克點了點頭，向門走去。他把手放在門把手上，然後慢慢轉身對著克拉克：「你能讓我說兩句話嗎？」

　　克拉克厭煩地點點頭。

　　克洛克說：「我對下屬是這樣說的：你們每個人每天都要拿點錢在路上花。你要帶租房間的錢、坐車的錢、吃飯的錢。不過要盡量省下這些錢，比如坐火車，可以坐上鋪，一樣睡得很好；不要吃旅館餐廳的飯，可以到外面去吃自助餐。」

　　聽到這裡，克拉克尷尬地笑了笑，他無法再說什麼了。

　　與老闆經常誤會讓克洛克感到很沮喪，要不是他對推銷的狂熱，他早就想自己做點什麼了。

　　克洛克發現，在密西根州的巴特爾克里克，有一個經營奶製品商店的叫雷夫‧蘇利文的客戶，最近需要紙杯的數量一次比一次多，而且每次增長的速度非常快。他決定去看看。

　　克洛克來到了蘇利文的商店，商店的飲料櫃台前排起了長長的隊伍，裡面的店員忙忙碌碌。

　　克洛克非常好奇，也加入人群買了一杯，品嚐了一下裡面的奶昔：「呀，真是太棒了！」

　　蘇利文的奶昔與其他商店的味道完全不同，普通的那種都是稀稀的、溫溫的，而蘇利文商店的卻是黏沾的、涼涼的，而且帶著甜味，「怪不得在夏天這麼受歡迎！」

　　克洛克馬上向蘇利文了解他與眾不同的奶昔的祕密。蘇利文興致勃勃地告訴他：「我按照減少奶昔中脂肪的想法，用冷凍牛奶來做奶昔，用這種辦法做出的是一種更涼、更黏的飲料。它除了味道更佳，還因為脂肪大大減少了，更有助於消化。人們喝了一杯奶昔在半小時之內都不會打嗝。」

　　克洛克興奮地想：「噢，原來是這樣！那麼，別的客戶也可以做這樣美味的奶昔，銷量肯定也會增加起來。那我的工作業績當然也會大大提高。」

　　克洛克首先想到了在他的銷售範圍內經營普林斯堡冷飲的沃爾特‧弗雷登哈根。

　　克洛克走進沃爾特的辦公室，向他詳細描繪了一下蘇利文

的奶昔，然後說：「沃爾特，我想你應該也做那種奶昔，我保證你們會至少比現在多賺一倍的錢！」

沃爾特卻說：「雷，謝謝你的好意，我知道你是為我好。但我不想介入奶昔，因為我們做的是清潔的冷飲生意，生意還不錯。」

克洛克繼續勸道：「沃爾特，像你這樣了解奶製品情況又有遠見的人居然對新生事物無動於衷，這真讓我奇怪。現在你可以在內珀維爾的工廠生產冰凍牛奶，這要比生產冷飲便宜。你會看到你夢想不到的。」

沃爾特被克洛克說服了，他隨後與冷飲店的總裁厄爾·普林斯討論了這個問題，他們一起開車到芝加哥來見克洛克。

克洛克一見面就喜歡上了直率、坦誠的厄爾，他帶著他們去了蘇利文的店裡，邀請他們參觀蘇利文的作業方式。

厄爾和沃爾特又嘗了冰凍奶昔，立刻就動心了。在回來的路上，他們已經在商量開始用自己的辦法生產奶昔了。並且還要把奶昔推廣到普林斯堡的各個連鎖店，厄爾還宣布把這種奶昔叫「百萬分之一」。

克洛克並且建議他們：「我希望你們把這種飲料的價格不要定為十美分一份，而是十二美分。這樣你們就傳遞給人們一種價值，而在實際上會增加利潤和銷售量。」

他們相信克洛克作為推銷員的眼光，同意了，而且從來也

沒有降過價。

這種買賣從一開始就很興旺，厄爾又有了新的煩惱：奶昔實在賣得太快了，無論怎麼加班加點生產都是供不應求。而且幾乎不可能滿足對金屬罐的需求。

厄爾是工程師出身，在大學裡學的是機械工程，所以為了解決生產難題，他抱著濃厚的興趣親自研究起奶昔的製作過程了。有一天，厄爾把克洛克叫到他那裡，為他展示了一種新改裝的紙杯。

克洛克一看，原來是在紙杯上半部加一個原來的金屬罐的套環，圓筒的底部是經過壓縮的，在紙杯的頂部裝上這種金屬套環，圓筒變細的部分伸進紙杯的邊上，使整個東西恰好與普通的金屬圓罐一樣高。

克洛克讚嘆道：「這玩意兒還真管用。」沒過幾天，莉莉紙杯公司就有這種帶套環的紙杯供應了。

一天下午，厄爾打又電話給克洛克，他興奮地說：「雷，你快到這裡來，我有樣新東西給你看，保證你看了會大吃一驚。快點啊！」

克洛克好奇地開著他的二手別克車，很快就趕到了厄爾那裡。

厄爾一見克洛克就拉著他到了一個東西跟前，滔滔不絕地為他講述：「雷，是這樣的，我發明了一種新的做奶昔的機器——

多軸混合器。你看『百萬分之一』是一種比較稠的產品，混合器如果不停地運轉就會被燒壞。奶昔供不應求，如果一台機器同時能攪拌不是一杯，而是好幾杯奶昔的話，速度不就提上來了嗎？這種機器的中央支撐架周圍安裝了五個軸，頂部可以旋轉。也就是說，一台機器從可以攪拌一杯奶昔變成了可以同時攪拌五杯，速度就等於提高了五倍啊！」

厄爾說完，得意地問克洛克：「雷，你覺得這機器怎麼樣？」

克洛克仔細地看著厄爾的新發明，說：「太棒了，真是太棒了！厄爾先生，你可看清楚，這樣的機器簡直可以供應全美國來喝奶昔！」

厄爾說：「我給它起了個名字，叫『多功能奶昔機』。」

克洛克說：「我想，這機器不僅可以用來生產奶昔，還可以用來攪拌一些固體的東西來做飲品。」

厄爾高興地抓住克洛克的肩膀：「哎呀，我們倆在一起簡直是黃金搭檔。」

克洛克馬上表示：「厄爾先生，這麼有價值的發明一定要讓它家喻戶曉。把這個好機會讓給我吧？我的意思是，由我來為您推銷您的這個機器，怎麼樣？」

厄爾說：「但是你要先經過你們老闆的同意才行啊！」

克洛克拍著胸脯說：「這沒問題，請您給我一台樣品，我現在就馬上帶回去給克拉克先生看。相信他會同意的，您就靜候佳音吧！」

幾天後，厄爾生產出了這種多功能奶昔機。克洛克帶了一台回公司給克拉克看。克拉克在克洛克示範完之後，他馬上就表示願意成為多功能奶昔機的獨家批發代理商，並與厄爾簽了一份合約。

但令克洛克不解的是，在紐約的莉莉‧圖利普公司總部卻不想參與這件事。總公司經理說：「我們是紙杯的製造商，我們準備繼續本分地做我們自己的生意。我們不想涉足奶昔產品，這不是我們的方向。」

厄爾這時建議說：「雷，我想，你不如離開莉莉公司，和我們一起做生意，我們共同開創一個新的天地。比如，你可以做多功能奶昔機的美國唯一代理商。由你來劃撥收回的帳，利潤我們平分。」

克洛克心中一動，回答說：「讓我好好想一想再回答您。」

創立公司迎接挑戰

一九三七年，克洛克面臨抉擇。他回到家，陷入了深深的思索。

艾瑟爾知道後警告他說：「如果你那樣做，那是在拿你的前

途冒險，雷。你已經三十五歲了，而你卻打算一切從頭開始，你還以為你才二十歲啊？萬一失敗了怎麼辦呢？」

克洛克說：「親愛的，你應該相信我的直覺，我確信這種機器將是一個贏家。何況，厄爾還有許多很有價值的市場。我這只是一個開始，我很希望你能支持我，幫幫我，跟我一起幹。」

艾瑟爾卻說：「我不會幹這種事。」

雖然艾瑟爾不支持他，但克洛克仍然沒有放棄自己的決定：離開莉莉公司，開一家自己的公司。

克洛克把一切都想好了，並給自己新公司起了個名字：普林斯堡銷售公司。

克洛克選擇了晴朗的一天，他心情愉快地走進莉莉公司，進入克拉克的辦公室後，沒經克拉克提醒他就自覺地關上了門。

克拉克問：「有事嗎？」

克洛克說：「克拉克先生，我準備辭職。我想做多功能奶昔機的獨有代理商。」

克拉克面帶嚴肅地看著他：「雷，你真的這麼決定了嗎？」

克洛克答道：「是的，這對你也有利，因為這會使你不再對我煩惱，而我開始在全國各地商店銷售多功能奶昔機後，會帶動莉莉公司多賣出去數百萬個紙杯的。」

克拉克點燃一根雪茄，像對一個小孩子說話的口吻，慢悠

悠地說：「你不能這樣做，雷。多功能奶昔機的合約是公司的，並不屬於你啊！」

克洛克一聽就急了：「嘿，你說什麼？ 你可以放棄它。你多次對我說你自己不準備參與多功能奶昔機的銷售。」

克拉克吐出一口煙，耐心地說：「聽我說，雷，總公司那邊是絕對不會放棄的。你不知道他們是怎麼經營的，你的想法太天真了。」

克洛克爭辯道：「他們必須放棄！ 我當初把這東西帶到這裡，首先是出於對公司的忠誠。我當時沒有必要那樣做。如果你在使用它，那就是另一回事，但公司並不想要這東西。你不能把那東西放在架子上，為什麼不能還給我？ 為什麼要讓機會白白浪費掉呢？」

克拉克一看克洛克真的生氣了，於是說：「好吧！ 我去和他們談談，看我們有沒有好辦法解決。」

過了幾天，克拉克遞給克洛克一份合約：公司把代理權轉讓給了克洛克，但要占普林斯堡銷售公司百分之六十的股份。

克洛克接受了這個條件。因為他一萬美元的啟動資金公司也投資了六千美元，看上去還並不是一個很大的不利條件。

終於自己做老闆了，克洛克在芝加哥的一幢大廈裡租了一間小辦公室，但是他很少待在裡面，整天都在外面忙碌。他仍然像從前一樣，在全國各地到處跑，推銷多功能奶昔機。

但是，這種新式的機器並沒有馬上受到人們的青睞，很多的老闆都小心翼翼地對待這種產品，他們對克洛克說：「我不能看到把飲料都放在一個混合器裡。如果這台機器燒壞了，那在機器修好之前我就得停業。」

克洛克想盡一切辦法去說服他們，但這非常困難。不過克洛克沒有放棄，他與許多思想頑固的人開始了交鋒。他堅信，新產品是將來發展的趨勢，總有一天他會成功的。

果然，過了不久，冷飲業就進入了空前繁榮的時期，餐館原有的奶昔機已經遠遠不能滿足人們的需求了，幾乎每個商店都設了冷飲專櫃。

克洛克的生意慢慢好了起來。

但是，克洛克又對他的財務安排感到特別不滿。由於當初莉莉公司擁有百分之六十的合夥人，它能限制克洛克的年薪，而克拉克又把克洛克的年薪保持在他離開莉莉公司時的水準上。這讓克洛克覺得自己的付出和所得不成正比。

兩年後，隨著生意的進展，克洛克決定說什麼也要把那百分之六十的股份拿回來，擺脫克拉克對自己的控制。

克洛克到莉莉公司找到了克拉克，向他提出了自己的問題。

直至這時，他才知道當初克拉克是抱著什麼如意算盤把自己引入歧途的。莉莉公司已經把他們的股份讓給了克拉克，但他從來沒有關心過多功能奶昔機的事，只打算從克洛克那裡榨取所

有的好處。

克拉克慢條斯理地對克洛克說：「我認為你賣的這種機器前途很好，雷。我覺得你的計劃也不錯。我願意把現在的利潤打點折扣，以便讓你去實現那個未來，誰讓你過去是我的部下呢。但是，你如果堅持要收回我的份額，那我就必須告訴你，你要讓我的資本得到很好的回報，總不能讓我吃大虧吧？」

克洛克說：「沒關係，你說個數吧！」克洛克並不想要他的投資。

克拉克報出了一個數字：「六萬八千美元。」

克洛克簡直不相信自己的耳朵：「什麼？！你當初只投了六千美元而已啊！即使現在多功能奶昔機銷路還不錯，但我的公司還僅僅是剛起步，你這不是獅子大開口嗎？」

克拉克看著克洛克震驚的樣子，絲毫不為所動，而且又蠻橫地提出：「六萬八千美元，一分也不能少，而且這筆錢要全部用現金來支付。」

克洛克都快要被他氣瘋了：「把我銀行裡的全部存款都算上，也沒有這個數目啊，你欺人太甚了吧！」

克拉克卻並不生氣，他得意地說：「別著急嘛，雷，如果你覺得我的條件對你有困難的話，你也可以收回你的意見啊！」

克洛克真是忍無可忍了，他一向是不肯服輸的，只要他下

定決心的事，就算冒著破產的危險也要去做。他絕對不怕挑戰，而且越是困難他的鬥志就越高漲。

克洛克咬著嘴唇說：「我說出的話絕對不會收回！不過你要這麼多錢我一下子拿不出來。」

克拉克瞇著眼睛盯著克洛克，悠閒地抽著雪茄。

克洛克想了一下說：「要不，我們商量一下吧，看看能不能用另一種方式來付給你？」

最後，兩個人達成了一個協議，更形象地說是一個交易：克洛克先付給克拉克一萬兩千美元的現金，其餘的在五年內付清，還要另付利息。克洛克的年薪必須保持在原來的水準上，公費開支還是和原來的一樣。

這實際上等於克洛克在幾年內都要把公司利潤付給克拉克。

克洛克在這份霸王協議上簽了字，之後他就感到了巨大的壓力：到哪裡去籌到這一萬兩千美元呢？

最終，大部分現金還是來自克洛克在芝加哥阿靈頓高地的新家，他把房子做了抵押貸款。艾瑟爾對克洛克的決定非常失望，並對他們已經欠了近十萬美元的債產生了極大的驚恐。

克洛克把第一筆現金交給了克拉克。然後他對自己說：「雷，加油幹吧！這次可是把全部家產都押上去了。但只要你下定決心，就沒有幹不成的事！」

克洛克鼓足了幹勁，昂頭向前走去。

勇敢面對度過難關

一九四一年，克洛克背上了沉重的債務之後，工作更加拚命了。

在繁忙的展銷會上，克洛克每天工作十二個小時至十四個小時，接著又去招待潛在的客戶到早晨兩三點鐘，然後又早早地起床，準備捕捉下一個客戶。在很多時候，他一天只休息四個小時，或者更少，但卻依然精神飽滿。

但就在這時，第二次世界大戰的烏雲在全球瀰漫開來。社會各階層因為在歐洲和亞洲出現的事態產生了許多緊張情緒。許多雜誌都猜測，與日本的戰爭是不可避免的。

克洛克在推銷之餘，也一直關注著戰爭的發展。從日本對中國的侵略轉向納粹對歐洲的征服。

一九四一年十二月七日，人們最不願看到的情況終於發生了！

這天早上，克洛克起床之後，就習慣地拿起剛剛送來的報紙，一邊吃早餐一邊瀏覽著。突然，他停住了，然後趕忙放下手中的牛奶杯子，雙手拿著報紙，看著看著，他的臉色越來越凝重了。

報紙上黑色的粗體大字標題：

日本偷襲珍珠港，美國立即向其宣戰，太平洋戰爭爆發了！

而接下來的消息對克洛克更加不利了。由於全國都進入了緊急備戰狀態，許多戰時的物資都被要求限制供應，而裡面就有用來繞多功能奶昔機電動機線圈的銅。

普林斯堡銷售公司很快就接到了通知，多功能奶昔機由於缺乏重要的原料銅，而不得不停止生產。

克洛克陷入了痛苦之中：「這樣一來，我就沒有什麼可以做的了！」

一邊是生意擱淺，一邊克拉克卻像惡魔一樣討債。克洛克感覺自己都簡直要崩潰了。他彷彿看到克拉克已經變成了一個張著血盆大口的怪物，尖利的白森森的牙齒都快要咬到他的喉嚨上：「快快還我的債！」

艾瑟爾走出臥室，看到克洛克在睡夢中痛苦的樣子，心裡又痛惜又可憐。她拿了一條毛毯為他蓋在身上，想了想，又叫醒克洛克：「雷，快起來！你怎麼把窗戶開得那麼大就睡著了，這樣容易感冒的！」

克洛克睜開矇矓的睡眼，看著艾瑟爾，他真不忍心把自己的困境告訴妻子，因為他覺得本來艾瑟爾這兩年已經為他擔心太多了。

　　克洛克只是對艾瑟爾說：「好吧，你先去睡，我一會就回屋裡去。」艾瑟爾盯著丈夫看了看，然後沒有多說就回屋裡去了。

　　克洛克看著艾瑟爾的背影，心裡想：「艾瑟爾和女兒都要依靠我來生活呀，我這個頂梁柱可不能倒下去，我還要把這個家支撐起來！一個推銷員手中沒有產品，那就像一個小提琴手沒有拉琴的弓一樣。我必須要找到新的弓，才能拉出動聽的音樂。」

　　於是，克洛克又開始四處活動，幾乎找遍了自己二十多年來所結識的所有人，來嘗試著去尋找其他產品來做推銷。

　　後來，克洛克找到了亨利‧伯特，終於與他達成了一筆交易，為一種叫「全麥乳」的飲料提供低脂肪麥乳精粉和十六盎司的紙杯。這種飲料都是用金屬軸或金屬環在杯子中混合成的。

　　現在，克洛克就只有設法依靠「全麥乳」來維持生活了。

　　克洛克在這段時間患上了嚴重的失眠症，每晚都在床上翻來覆去睡不著，越睡不著，各種念頭紛至沓來，睜著眼睛熬到天亮，一整天都無精打采。

　　克洛克意識到這是個嚴重的問題，一個推銷員沒有精神是很難成功的，而且這會損害自己的身體，讓自己意志更加消沉。為此，他自己訂下計劃，並寫在日記上：「不要為某個難題而產生無用的煩惱，不管遇到多麼重要的事情，都要讓自己睡好。」

　　克洛克自己發明了一套治療失眠和精神緊張的方法：每天睡前，他把自己的腦子想成一塊寫滿訊息的黑板，上面寫滿了緊急

的訊息。然後用想像中的手拿著黑板擦，把黑板擦乾淨，讓自己的思想完全變成一片空白。這時如果某個想法開始出現，那就立即扼殺它。

然後，克洛克讓身體放鬆，先從脖子開始，接著向下到肩膀、手臂、軀幹，最後到腳趾尖。隨後，他就安然入睡了。

克洛克很快就掌握了這種方法，無論事務多麼繁忙，每天他都保證以神采奕奕的形象出現在公眾面前。

其他人對克洛克的這種狀態都感到驚奇，其中包括現在成了他的死對頭的克拉克。克拉克在私下對別人欽佩地說：「雷這個傢伙，承受著這麼大的打擊和壓力，他居然還若無其事的樣子！嗯，也許這個倔強的傢伙將來真的能幹成大事呢！」

雖然僅僅依靠「全麥乳」來維持生存，但克洛克仍然不願讓克拉克看他的笑話，所以他依然按時向克拉克支付欠債。

為了不讓艾瑟爾過於絕望，克洛克不時鼓勵她：「親愛的，不要悲觀。戰爭總是暫時的，它早晚都會過去，那時我們的困難也挨過去了，一切都會好起來的。相信我！」

一九四五年，第二次世界大戰隨之結束。而這時，克洛克也結束了他的噩夢，他還清了欠克拉克的所有債務，終於能夠獨立銷售多功能奶昔機了。

這使克洛克心裡充滿了極大的光榮感。

慧眼識才任人唯賢

一九四五年，隨著第二次世界大戰的結束，所有的生意都開始恢復了。克洛克的普林斯堡銷售公司也隨著多功能奶昔機的恢復生產開始了正常運轉，而且比戰前更加紅火。

克洛克一天比一天更忙碌了。

新型的軟混合冰淇淋供應商開始變成了專賣商，克洛克就在這個不斷擴大的市場裡推銷多功能奶昔機。按他當時的估計，一年能賣到五千台就是一個豐收年了。但許多老顧客一直打電話催要更多的貨，機器銷量一年比一年旺，一九四八年，他竟然賣了八千台。

這樣的銷量，使克洛克那種在辦公室外經營的方式變得越來越困難了。公司裡一直連克洛克自己在內只有三個人，另外兩個是祕書里德和會計阿爾‧多蒂。他們每天都有接不完的電話和算不完的帳目，雖然他們一天忙到晚，還是覺得吃不消。

克洛克想讓艾瑟爾來幫忙：「艾瑟爾，過來幫幫我吧，到我的辦公室去工作，我們一起幹，那樣生意會更可觀。」

但艾瑟爾卻從來都不答應，甚至連去幫著做一點零工或者做一段時間的工作都不同意。

生意勢頭強勁，確實需要再添一個人手了。

一九四九年深秋的一天，在忙碌了一個下午之後，克洛克

和阿爾暫時坐下來，喝杯咖啡歇息一下。

阿爾是克洛克在哈理斯信託及儲蓄銀行的朋友阿爾·漢迪推薦給他的，一直為公司掌管會計事務。

阿爾這時對克洛克提議說：「克洛克先生，我們幾個人實在是忙不過來，與其我們整天手忙腳亂的，不如再雇一名記帳員。」

克洛克覺得阿爾的建議是正確的，他放下手裡的杯子說：「是的，阿爾，你的建議很好，想得很周到！」

阿爾受到讚揚，他更進一步建議說：「而且，如果不想多花錢的話，我們可以僱用一個女記帳員，這樣比雇個男的要少花近一半的錢。」

克洛克尊重了阿爾的建議：「好的，阿爾，就照你說的，我這就去寫廣告詞。」

第二天，廣告剛剛登出去，就有不少女孩前來克洛克的公司應徵。

克洛克一連幾天都在辦公室裡面試，他記不清到底面試過多少姑娘了。她們大都年輕漂亮，而且有的還做過記帳的工作，口才也不錯。但是克洛克始終沒有發現一個讓他非常滿意的。

阿爾有一次問克洛克：「克洛克先生，是不是您的眼光太苛刻了？」

克洛克卻說：「也不是，阿爾，我總是覺得她們身上缺少一點能夠讓我眼睛一亮的東西。」

直至十二月，克洛克還是沒有招到能讓他心中一動的女孩。

這一天，都快到中午了，克洛克面試了幾位姑娘之後，他有些累了，就靠在椅子上，想閉上眼睛休息一下，這時，一個膽怯的聲音依稀在克洛克耳邊響了起來：「克洛克先生，您好。」

克洛克睜開眼睛，抱歉地說：「哦，對不起，我差點忘了上午還有最後一名應徵者。」

她看上去年紀已經不小了，大概有三十多歲了；又高又瘦，穿著一件褪了色的大衣，而這件衣服看上去不足以抵擋那天在拉塞爾大街的峽谷中颳起的寒風；另外，她看上去好像已經餓了好幾頓了。但是她仍然閃現出一種樸實無華的目光。

克洛克被這種目光打動了，他站起身來，為她倒了一杯熱茶，遞到她手中：「請坐，女士，你慢慢說說你的情況。」

她說：「我叫瓊·馬蒂諾。出生在芝加哥一個德國移民家庭裡。第二次世界大戰前，我和西部電力公司的工程師——他叫漢斯——結了婚。戰爭爆發後，漢斯因為正在搞一種對防備通訊很重要的同軸電纜的發明而免予兵役。但我卻報名參了軍，成為一名陸軍婦女隊的成員。」

克洛克因為自己有過參軍經歷，所以他稱讚說：「看得出來，您很有愛國熱情。」

　　瓊聽到稱讚，她蒼白的臉上泛起了一絲紅暈，喝了一口茶接著說：「在軍隊的時候，我被派到西北大學裡去學習電子、三角學和微積分等知識。因為我沒有學過高等數學，所以學起來很吃力。但是我自己暗暗地多下功夫，遇到不懂的，就到圖書館裡去尋找答案。到了期末，我已經從剛開始的班上倒數幾名變成了優等生。」

　　克洛克馬上覺得，他對瓊很感興趣了，於是對她說：「您接著說。」

　　瓊的目光轉而變得陰鬱起來：「戰爭結束後，我回到家裡，並且生了幾個孩子。但是，我的父親和婆婆都得了重病，為了支付昂貴的醫藥費，我們欠了一萬四千美元的債，不得不搬到威斯康星德爾斯鄉下的農場裡。漢斯在農場工作的同時，還在一個電視機修理鋪找了個差事。而我也只好撇下孩子到外面來找工作，我來到芝加哥，住在一個朋友家裡。昨天我看到了您在報上登的廣告，就想來試試看。」

　　克洛克又和瓊談了幾分鐘，他臉上露出了滿意的笑容，他覺得，這位瓊‧馬蒂諾正是他要雇的人。她的身上有一種潛在的能力，這一切都包容在一種熱情的、有同情心的個性和少有的各種品質的綜合反應之中。這些與自己平時的風格很相似。

　　克洛克又問：「你之前做過記帳之類的工作嗎？」

　　瓊老實地回答：「沒有。但是克洛克先生，雖然我現在還不

懂如何搞記帳工作，但是我會很快掌握這種日常技術，我相信我能學得很快。」

克洛克微笑著說：「嗯，我相信你會的。但是，我目前不會給你付很高的薪資，但如果你願意在這裡好好幹的話，你會有一個光明的前途。」

瓊毫不猶豫地答應了：「薪資方面我並不很在意。克洛克先生，我也相信您的預言，我會有一個美好的未來的。」

就這樣，瓊被克洛克僱用了。

上班第一天，瓊一大早就來到了公司，第一個進了辦公室，她先把屋裡打掃了一遍，等里德和阿爾走進辦公室的時候，辦公室已經乾乾淨淨的了。

瓊很有禮貌地和大家打招呼，收拾完了，就謙虛地向阿爾請教記帳方面的事。

過了一會，克洛克派瓊去銀行存一筆錢。瓊乾脆地答應了，而這時，她身上只有二十美分，那是她留在身上作為回家的車費的。

瓊走到街角時，碰到了一個童子軍樂隊在演奏，旁邊放著一個募集捐款的小鍋。瓊看著孩子們在寒風中凍得紅紅的小臉蛋，和他們那一雙雙渴望的眼睛，心裡的某種感覺讓她無法不掏出兜裡僅有的錢。於是她把那兩個硬幣放在孩子們的小鍋裡，然後就去了銀行。

　　當瓊辦完事回到辦公室的時候，她欣喜若狂：「噢，克洛克先生，今天太好了！我有了這份工作，今天也是我小兒子的生日。當然，他還在農場，而我希望能給他買件禮物，但這看來已不可能了。我把錢都捐給了童子軍。」

　　聽著她講起事情的經過，克洛克稱讚她：「你很有愛心。」

　　瓊接著說：「但是後面的故事更精彩呢！克洛克先生。當我離開銀行回辦公室時，我的鞋後跟卻卡在了人行道的地磚縫裡。我往下看，想把它拔出來，而就在我的腳旁，卻有一張票子。喏，就是這個！」說著，她把手裡一張二十美分的鈔票展示給大家看。

　　大家都笑著說：「真有這麼巧的事！」

　　瓊繼續說道：「我回到銀行向出納員打聽是否知道有人丟了錢。他們中的一個看著我說，『夫人，我覺得你該留著它。』噢，克洛克先生，你能想像到我有這麼好的運氣嗎？」

　　克洛克也被瓊的情緒感染了，一邊笑著一邊祝賀她：「是的，你的運氣真好！希望你身上的好運氣也會給我們公司帶來好運氣！」

　　說著，兩個人都像孩子一樣大笑起來。

　　瓊確實工作得很努力，她很快就掌握了記帳的技術，而且她有一種令人難以置信的能力，無論多麼繁重的工作到了她手中，都會幹得又快又好，井井有條。

另外，瓊還時時把她的快樂帶給大家，幾個人乾起活來也比從前充滿了樂趣。

克洛克暗自慶幸：「多麼樸實而可愛的瓊，又誠實又善良，我真是招對人了！」

相遇麥當勞

　　要想把「麥當勞」的品牌推廣到全國甚至全世界，就要把各個連鎖店每個方面的標準統一起來。從我的第一個麥當勞樣板店開始，就要給以後的經營者樹立一個榜樣。——克洛克

考察麥當勞路邊餐館

　　時光飛逝，日月如梭，時間老人的手指輕輕一劃，已經到了一九五四年。

　　克洛克的公司已經走過了十五年歷程，一直在從事著銷售多功能奶昔機的生意，業務穩定地發展著，日子過得也一帆風順。他雖然並不是人們眼中的富翁，但也算是有小康生活了。

　　而他已經五十二歲了，從當初的風華少年變成了一個讓人尊敬的中年紳士了。依照人們的想像，再這樣幹幾年，他就能像大多數小老闆一樣，退休去美麗的夏威夷海岸晒太陽，悠閒地享受自己的老年歲月了。

　　最近一段時間，有一件事情讓克洛克感到了震驚。

　　震驚是由從全國各地打來的不同的電話而引起的。有時可能是俄勒岡州波特蘭的一家餐館打來的電話；過一天，有可能是亞利桑那州尤馬郡的冷飲櫃操作員打來的電話；再過一星期，華盛頓特區一家奶製品店的經理也打來電話。其實，這些訊息的內容都一樣：「我想要向你們買一台與加利福尼亞州聖貝納迪諾縣麥當勞兄弟家的混合機一樣的機器。」

　　克洛克越來越感到很奇怪。麥當勞兄弟是何許人？顧客們為什麼要買他們的混合機？而我們同樣的機器在全國許多地方也都有出售。於是，克洛克開始做了點調查，結果令他吃驚：麥氏兄弟的機器不是有兩三台混合器，而是有八台！

在克洛克的想像中，八台機器一次攪拌出四十份奶昔，這實在令他難以相信。這件事發生在聖伯納迪諾這樣一個沙漠中的小鎮上，這本身就更加令人驚奇。

克洛克銷售多功能奶昔機這麼多年，這種事還是第一次遇到。克洛克還是像年輕時一樣，對新鮮的事物永遠關注：「這是怎麼回事呢？我要去親眼見識一下。」

於是，克洛克為自己訂了一張特價機票，飛向美國西部。

一下飛機，克洛克就像忘了自己的年紀一樣，急切地驅車直奔聖貝納迪諾。看他這股勁頭，就和一個二十歲的小夥子一樣，他自己也啞然失笑：「我這把老骨頭已經多年沒受過這種訓練了，沒想到還像當年一樣幹勁十足呢！」

自從一九三〇年代初期，食品服務業的一種特有現象在加利福尼亞州南部出現。這就是服務到車上的路邊餐館，它是大蕭條時期好萊塢影城的那種隨心所欲生活方式帶來的產物。由於人們腰包裡的錢變得很少，到餐館裡吃飯的人也就沒有幾個了。這種物美價廉的汽車餐館如雨後春筍一般在市區的停車場、公路旁和街道旁出現。

因為開車或乘車的人不可能做太久的停留，所以這種路邊餐館的飯菜都是經濟實用的速食，它的主食譜大多是烤牛肉、豬肉和雞塊，但是由於熱情的經營者們一個賽過一個，服務的方式也在不斷地變化。餐館的經營者們互相配合，競相想出一些既把

飯菜端到顧客汽車旁，又可以打動人心的辦法。其中有一個經營者竟讓他的服務小姐穿著旱冰鞋在停車場裡來回滑行。

　　十點左右，克洛克的車子停在了莫里斯‧麥當勞和理察‧麥當勞兄弟倆開的「麥當勞漢堡店」門口。他從車窗打量著這家餐館。

　　這是一座小巧的八角形建築，房子被刷成了紅白兩色，中間用黃色的彩條作為裝飾，玻璃窗被擦得一塵不染，顯得非常整潔。

　　而讓克洛克印象最深的，就是店門口那閃著金色光芒的大大的「M」形的拱門。當然他能理解，這是「麥當勞」名字的第一個字母。克洛克蠻有興趣地思索起這個創意來：「這個創意真不錯，這使得它顯得與眾不同，每一個看到的人相信都會牢牢地記住這個大大的金色『M』。」

　　餐館十一點才開始營業，克洛克顯然來早了。他於是就坐在車裡，觀察著餐館四周的環境。

　　不大會工夫，從餐館裡走出一隊幫工，他們都一律穿著白色的衣服，頭上戴著白色的紙帽。他們推起一輛輛小四輪車，走向餐館後面，從倉庫裡向外搬運東西，先把成箱的牛肉、豬肉，成袋的馬鈴薯，成盒的麵包，還有一桶桶牛奶都裝到小四輪車上，然後推到餐館裡去。一切都那麼井然有序，快速而不失條理。

克洛克看著來回穿行的幫工們，不由脫口稱讚道：「真是太棒了！」

餐館剛一開門營業，停車場很快就停滿了各式各樣的車子。人們走向餐館的窗口，先依次排隊，然後買到東西後，就拿著裝滿漢堡的紙袋回到汽車上去。隊伍雖然排得很長，但向前行進的速度卻很快。

麥當勞的服務員快速作業，竟然可以在十五秒之內交出客人所點的食品。這種作業方式，克洛克可從未見過。

來回穿行的人們讓克洛克看得眼睛都有點花了，在這麼多人紛紛走向窗口的情況下，八台混合器同時製作奶昔看來並非不必要。

克洛克故意大聲說：「我從未為買一個漢堡而排隊。」以期引起顧客的注意。

「哦，」客人中立刻有人搭話說，「您也許不知道這裡的食品價格低、品質好，餐廳乾淨，服務又周到。何況速度這麼快，別看排隊人多，一會兒就能買到。我可是這裡的常客。先生，您不妨也試一試？」

克洛克興奮地從車子裡走下來，加入了顧客的隊伍之中。

排在克洛克前面的是一位穿泡泡紗的黑人小夥子，他一邊移動著腳步，一邊焦急地探著頭不時向隊伍前方張望。

克洛克越看他越有趣，就忍不住笑著問：「嗨，年輕人，你這麼著急呀？在這裡有什麼好吃的東西，告訴我好嗎？」

黑人小夥子回過頭來看著克洛克，好奇地反問他：「難道您從前沒在這兒吃過？」

克洛克微笑答道：「沒有，我是第一次來這兒。」

年輕的黑人點著頭對克洛克說：「噢，是嗎？那您就瞧好吧！我敢向您保證，相信您會吃到最好吃的漢堡，而且只用十五美分就能買到。況且這裡很方便，你既不用等太長的時間，又不用跟那些要小費的服務生費口舌。您等著瞧吧！」

克洛克並沒有真的到窗口去買漢堡，他從隊伍裡走了出去。為此，那個信誓旦旦保證他能吃到「最好吃的漢堡」的黑人小夥子又奇怪又沮喪。

克洛克走到了餐館的後面，看到有幾個人像棒球接手那樣蹲在蔭涼處，背靠著牆，嘴裡嚼著漢堡，三個一群兩個一夥地邊吃邊聊。其中一個人穿著木匠的圍裙，他肯定是從附近的建築工地走過來的。他毫不掩飾地用友好的目光看著克洛克。

克洛克問他們中的一個：「你們經常到這兒來吃午餐嗎？」

那個人嘴裡含著漢堡，一邊大口嚼著一邊回答克洛克：「唔，那當然了，我們每天都到這兒來。它肯定把老太太的那種涼肉麵包式漢堡給比下去了。」

另外有一個已經吃完了的中年建築工人補充道：「先生，這兒的漢堡又好吃又便宜，我敢說這絕對是美國最好的汽車餐館。自從我們發現了這家餐館，就天天都來這兒吃午餐。」

那是個熱天，但克洛克沒有看到周圍有蒼蠅。那些穿白衣服的人在工作時把一切都搞得很整潔。這給他的印象極好，因為他不喜歡不整潔的環境，尤其是餐館。克洛克還注意到，即使在停車場裡也沒有垃圾。

在一輛黃色的敞篷車裡，坐著一位身著草莓色服裝的金髮女郎，看上去好像找不到去布朗·德比或帕拉芒特自助餐館的路。她一點不剩地吃完了一個漢堡和一袋炸薯條，樣子很迷人。

在好奇心的驅使下，克洛克向她走過去說：「我在調查交通情況。如果你不介意的話，能否告訴我你是不是經常來這裡？」

她笑著說：「我住在附近的時候常來這裡，我是盡可能常來，因為我的男朋友就住在這裡。」

她是在逗趣，還是說話謹慎，抑或只是用她的男朋友作為擋箭牌來支開這個愛刨根問底的、可能是個製麥芽漿的中年人，克洛克說不清楚，也根本沒有費心去想。不是因為她性感，而是因為她對漢堡的那種明顯的興趣才使克洛克感到激動的。

克洛克又抬頭看了看停車場上滿滿的車輛，他心裡感到了一種久違的震撼。於是，他決定去拜訪一下餐館的主人，問一問那兄弟倆是怎麼創造出如此神奇的餐館的。

與麥當勞兄弟簽約

克洛克觀察了「麥當勞漢堡」的外部經營後，他回到車上，在那裡一直等到下午兩點三十分，那時排隊的人已稀少到只剩下些零星的顧客。

這時，他又走進了店內。他看到，莫里斯和理察兄弟倆正在店裡監督著工人們幹活。兄弟倆見到克洛克來訪非常高興，他們邀請克洛克當晚與他們共進晚餐。

克洛克當然愉快地接受了邀請。

當天晚上，麥當勞兄弟結束了一天的忙碌，與克洛克一起坐在飯桌旁，向他詳細介紹了餐館的情況。

莫里斯和理察出生在新格蘭地區一個窮苦的猶太人家庭。莫里斯於一九二六年搬到加利福尼亞，並在一電影廠找到管理道具的工作。理察於一九二七年從新罕布夏州曼徹斯特的西部高級中學畢業，此後便開始和莫里斯一起工作。兄弟倆在同一個電影廠一起搬布景、架燈、開卡車。

一九三二年，兄弟倆決定開辦自己的企業，他們在格倫多拉買下了一個失修的電影院。他們節省下每一分錢，有時一天只吃一頓飯，而這頓飯經常就是從一個電影院旁邊的售貨亭裡買來的「熱狗」。而這個賣「熱狗」的店主人在城裡有一塊地方閒置著，於是兄弟倆就產生了辦餐館的想法。

一九三七年，兄弟倆說服了阿卡迪爾的聖安尼塔賽車場附近的一塊土地的主人，在那裡建造了一座服務到汽車的餐館。

兩兄弟和一般的汽車餐館的主人不同，他們雖然開始的時候對飲食業一竅不通，但是他們非常聰明、善於思考。他們僱用的都是技術和經驗很出眾的廚師，尤其是加強了服務的管理。

他們從廚師那裡學會了烤肉，兩年後，開始在鐵路城聖貝納迪諾找地方，準備開一個大一點的烤肉店，為此向美洲銀行貸款五千美元。

一九四八年餐館開業之後，業務開展得很快，對青年人尤其有吸引力。過了一段時間後，他們發現，在過去幾年餐館的收入中，竟然有百分之八十都是漢堡帶來的！

於是，他們改變策略，在確定數量有限的菜單時，把每個步驟都減少到最基本的標準，然後用最少的力量去完成。在餐館裡只賣漢堡、炸馬鈴薯條和一些飲料，而且這些都是在一條生產線上準備的。

這個辦法真靈，由於簡化了製作程式，他們能夠集中精力抓每一個環節的品質，從而生產的漢堡等物美價廉，服務又快捷到位，他們的生意迅速發展起來。

一九五四年，克洛克到這裡考察他們生意的時候，「麥當勞」已經有了十家連鎖店，一年的營業額高達二十萬美元。

克洛克完全被兄弟倆的講述迷住了，他的心中產生了多年

未曾有過的一種衝動，這種衝動就像海浪一樣一波波拍打著他的神經。

第二天，麥當勞兄弟又帶著克洛克去參觀他們的生產線。

克洛克仔細地觀察烘烤肉餅的人是怎樣工作的，看到他在翻肉餅時是怎樣撲打它們的，也看到他是怎樣不停地把「咻咻」響的烤餅鍋刮出響聲的。

但克洛克特別注意了炸薯條的情況。麥氏兄弟說過這是他們銷售能取得成功的一個關鍵因素，而且還介紹了炸薯條的工序。可克洛克還是要親眼看一看它的操作過程。要把薯條炸得那麼好吃，肯定會有些訣竅。

麥氏兄弟把他們從愛達荷州買來的高品質馬鈴薯裝在箱子裡，放在屋後倉庫裡。由於老鼠和其他動物會咬馬鈴薯，箱子壁是用兩層軟線編的細網做成的。這可以擋住小動物，同時又可以讓新鮮空氣在馬鈴薯中間循環。

克洛克看到，人們將馬鈴薯裝包，然後放上四輪車送到那座八角形的路邊餐館裡。在那裡，人們十分小心地削去馬鈴薯的表皮，上面還留下一層內皮，然後把它們切成長條，再浸泡在一個大冷水池裡。

做炸薯條的人把袖子挽到肩膀上，把胳臂伸到飄浮的馬鈴薯中間，再輕輕地攪動它們。馬鈴薯的澱粉使水慢慢變白。水被抽乾後馬鈴薯上剩下的澱粉被一個活動的水龍頭沖洗掉。然後，

馬鈴薯被放在鐵絲筐裡，筐籃緊挨著炸鍋排放，就像一條生產線一樣。在賣薯條窗口的一根鏈子上掛了一個大的鋁製篩鹽器，它不停地搖動，就像童子軍裡女孩子的銅鼓。

克洛克被這條生產線牢牢地抓住了：廚房是一個完全透明的地方，大大的玻璃櫥窗裡，身穿雪白衣帽的廚師們緊張而有序地忙碌著，烤、炸薯條，調製飲料。外面的顧客可以親眼看到這些食品的製作過程。每一份食品只需要十五秒鐘就可以送到顧客手中。

克洛克不由自言自語：「這招真是太厲害了！這樣一來，人們一定會放心自己買到的商品的清潔。而且如此快速，若非親眼所見，說什麼我也不敢相信。」

參觀完回到會客室裡，克洛克對麥當勞兄弟讚嘆說：「真是難以置信！先生們，這真太讓人驚嘆了！」

麥當勞兄弟也得意地說：「這正是我們經營的訣竅。」

克洛克這時說：「在全國各地推銷多功能奶昔機的時候，我到過許多餐廳和服務到汽車上的路邊餐館的廚房，但我從未看到像你們這樣有發展潛力的廚房。你們為什麼不再開幾個這樣的餐館呢？這對你們來說是一座金礦，而且對我來說也是這樣，因為每個這樣的餐館都會增加我銷售混合器的數量。你們覺得這個主意怎樣？」

聽了克洛克的問話，兄弟倆相互看了一眼，竟然沒有作答。

克洛克感到氣氛一時有些尷尬，好像是在從湯碗裡把領帶拖出來一樣。

麥氏兩兄弟只是坐在那裡看著克洛克。後來，莫里斯縮在那裡，有時候笑一下，然後在椅子上轉過身子，用手指著餐館對面：「你看，克洛克先生。」

克洛克順著他手指的方向看去，那是一個小山坡。

莫里斯說：「看見那座門前有寬走廊的大白房子了嗎？那就是我們的家，我們愛這個家。晚上，我們就坐在那個走廊上看太陽落山，看我們現在這個地方。這裡很平靜。我們只想使這裡的一切照常進行，而不需要再增添麻煩。餐館越多，麻煩也越多。現在，我們有能力享受生活，而這就是我們要做的事。」

理察也接著哥哥的話說：「所以，我們對現在的生活很滿足，我們覺得事業和家庭兩者兼顧才是人生最大的樂趣。」

克洛克聽了兩兄弟的話，不由心裡暗暗生氣：「這麼好的商機竟然白白浪費掉不去抓住，真是太可惜了！ 這兩個沒出息的傢伙。」

克洛克想了一下，又說：「你們看，我有一個好建議，能讓你們既享受現在的生活，又不會被數不清的事務纏身，好不好？」

兄弟倆都瞪大了眼睛看著克洛克，齊聲問道：「什麼辦法？」

克洛克說：「你們在外地開連鎖店，主要是怕牽扯太多的精力，覺得麻煩，是不是？那如果有人能幫你們來開呢？」

「誰來幫我們？」

克洛克笑了：「我，我可以幫你們開餐館，代理你們新餐館的特許經營。你們不需要出去考察，也不用插手管理，什麼麻煩也找不到你們，我每個月都會給你們寄一張支票。如果同意，我們之間簽一份協約就行。」

這個答覆似乎使他們兄弟一時感到很突然，但是，他們很快就活躍起來，並越來越有熱情地同克洛克討論起他的建議；並決定找他們的律師一起來參與討論。

最終，他們達成了協議：克洛克有權在美國各地模仿他們的經營方式，建築物要與他們的建築師設計的那種有金色「M」形拱門的新建築一模一樣，頂部都要有「麥當勞」的名字。所有標誌、食譜都要一致。在新的餐館裡不能偏離麥當勞的計劃，除非克洛克收到他們共同簽署的有官方證明的文件說明才能進行某些變化。

協議還規定：克洛克可以得到特許經營權銷售額的百分之一點九作為服務費，其中百分之一點四屬於克洛克，百分之零點五屬於麥氏兄弟。

克洛克曾建議拿百分之二，但麥氏兄弟卻搖著頭說：「不行，不行！如果你對特許經營代理人說，你準備拿百分之二，

那他們肯定會猶豫不前。不要說得太滿了，不如變成百分之一點九，這讓人聽起來似乎就少得多了。」

克洛克完全陶醉在麥氏兄弟大力發展服務到汽車餐館的想法裡，他似乎看到正把八台多功能奶昔機運到了每一個餐館一樣，沒有進行更多的討價還價。雖然他已經五十二歲了，但是他雄心勃勃，決心在有生之年再大幹一場。

簽約之後，克洛克興奮地返回芝加哥，雖然自己是個在商戰中精疲力竭的「老軍人」，但他還是急於想採取行動。他當時身患糖尿病和早期動脈炎，在早些時候的商業競爭中他失去了膽囊和大部分甲狀腺。但他仍然相信，最美好的東西就在前面。他仍然充滿活力，而且正在成長。他比飛機飛得高一點，那是在雲層的上面，陽光明媚。人在那裡看到只是無雲的天空和從科羅拉多河到密西根湖之間像波浪翻滾的無垠土地。

然而，當飛機開始向芝加哥降落時，一切又都變得灰濛濛的，而且有一場暴風雨要來臨。克洛克把這些又看成了不祥之兆。

一進家門，克洛克就興奮地對艾瑟爾叫道：「親愛的，你知道我又有什麼激動人心的事要告訴你嗎？」

艾瑟爾已經多年沒有見到克洛克快樂成這樣了，不由驚奇地問：「什麼事啊？」

克洛克繪聲繪色地把一切經過都告訴了妻子，並強調說：

「我感覺幸運女神正在向我招手，我將從此告別平庸，做一番影響世界的大事業了！」

不料，艾瑟爾剛聽完就被氣壞了：「夠了，雷，你這些年在生意場上一次次冒險行為，給我和女兒帶來了多少驚嚇。現在女兒已經結婚了，我們現在的生活你難道還不滿足，還要在這麼大年紀再瞎折騰？你這是自找麻煩！……算了，你別再說了，我不想再聽到你跟我說關於『麥當勞』的任何事！」

克洛克覺得自己一下被拎到了冷空氣中，他忍不住和艾瑟爾大吵了一架。

克洛克又把自己的想法告訴了原先在莉莉公司的祕書馬歇爾·里德。

馬歇爾聽了之後笑著說：「我認為你的想法太仁慈，這是男性更年期症候群嗎？不過我倒想看看：普林斯堡銷售公司的總經理是在用什麼辦法來使賣十五美分的漢堡銷售亭得以運轉呢？」

克洛克在阿靈頓的家緊靠著綠滾石鄉村俱樂部，他也是俱樂部的成員，一些俱樂部的熟人聽了克洛克的想法後都說：「你捲入這種十五美分的漢堡生意是思想上走偏了吧！」

雖然沒有得到艾瑟爾和老朋友的支持，但是克洛克不會放棄。他立刻四處奔波，著手進行開麥當勞連鎖店的事務。

克洛克在心裡暗暗地說：「等著看吧，艾瑟爾，還有所有的

人，我將會創造一個多麼燦爛輝煌的未來！」

仔細考察新開張店

一九五五年三月二日，克洛克創辦了「麥當勞連鎖公司」。

早在去年與麥當勞兄弟簽約的時候，克洛克就意識到一點：麥當勞兄弟雖然擅長開餐館，但在發展企業規模上卻完全是「門外漢」。

他們另外還有十個服務到汽車的路邊餐館許可證，其中有兩個在亞利桑那州。但是，他們把特許權賣給別人之後，把錢裝在口袋裡就不再過問那些店的經營情況。

克洛克親自悄悄地到另外那幾家都看了一看，發現這些店的標準非常不統一：有的店裡食品的味道跟總店的相差很遠，薯條也不夠新鮮；還有的店食譜幾乎一天一變，裡面什麼都賣，跟個雜貨舖一樣，根本就沒有固定的經營方式；大多數店的服務水準遠遠達不到總店的水準，人們排著長長的隊伍到了窗口前，卻發現薯條還沒有炸出來。更糟糕的是，有的顧客吃了有的店裡變質的烤肉後，竟然會拉肚子。

克洛克考察了一圈回來之後，對自己的「麥當勞公司」未來做出了新的規劃：要想把「麥當勞」的品牌推廣到全國甚至全世界，就要把各個連鎖店每個方面的標準統一起來。從我的第一個麥當勞樣板店開始，就要給以後的經營者樹立一個榜樣。

　　為了找到一個能為別人樹立榜樣的地點，克洛克計劃在業餘時間能從普林斯堡公司的樓上看到它。這就意味著這塊地方應該靠近他家或者辦公室。

　　但由於各種原因，在芝加哥一直沒有找到這塊地方。最後，克洛克在朋友阿特·雅克布斯的幫助下，在德斯普蘭斯找了一塊很不錯的地方，從家裡開車只需要七分鐘，而且離西北火車站也只有幾分鐘的路程。

　　接下來，克洛克嚴格按照麥當勞兄弟店的建築師提供的方案來構建房子。但是，這種結構是供半沙漠地帶用的，它建在石板地上，沒有地下室，而且在屋頂上還有一個冷卻器。

　　承包商問：「克洛克先生，我往哪裡放這個爐子呢？」

　　克洛克說：「你這是什麼話，我怎麼知道。你認為放在哪裡好？」

　　承包商說：「那需要建一個地下室，其他設施用處不大，但必須要有地下室作為倉庫。」

　　克洛克於是打電話問麥氏兄弟，他們回答說：「你覺得怎麼好就去做吧，完全沒有問題。」

　　後來，克洛克又建了跟總店一模一樣的停車場、廚房。店裡的食譜和食品的味道也都跟總店沒有一點差別。克洛克一抽出空來，就會去查看麥當勞建設中一些不合適的地方，甚至還請利特勒設備公司的吉米·辛德勒去聖貝納迪諾總店仔細研究過炸薯

條用的炸鍋、篩子之類的東西。

所有一切都準備好了，現在克洛克要考慮一個實質性的問題：這家樣板店要選一個合適的人來做經理。

但是，克洛克很長時間都沒有找到一個很好的管理者。

後來，克洛克的一位在綠滾石俱樂部的好朋友對他說：「我有個女婿，名叫埃德·麥克盧基，他在密西根州一家小五金批發部工作，由於生意並不景氣，所以想找個工作。我看他很不錯，你不如去看看。」

克洛克去找到了埃德，透過談話，埃德表示對搞飲食很感興趣，而且克洛克發現，他容易管束，膽子小，注意小節、愛挑剔，但又有忍耐力。他憑著多年的識人經驗認定：這正是我要尋找的品格，就是他了！

一九五五年四月十五日，一個晴朗的春日，克洛克的新店正式開張了。

莫里斯和理察兄弟應邀參加了開張儀式，他們看著裝飾一新的餐館，穿著整潔白色工作服的員工們，非常滿意，不住地點頭。

走進店內，空氣中瀰漫著漢堡和薯條的香氣。透過廚房乾淨的大玻璃窗，可以看到廚師們熟練而快速地煎著肉餅，炸著薯條，攪拌著各種飲料。新置的各種裝置閃閃發光，屋內各個角落都打掃得一塵不染。

很快，德斯普蘭斯的「麥當勞漢堡店」就成了當地最好的汽車餐館，人們都開始喜歡到這裡用餐。

克洛克那些天都起床很早，天剛剛放亮他就開著車直奔新店。有時他到達那裡時，打掃衛生的女工露絲才剛剛趕到。

露絲趕緊跟克洛克打招呼：「您怎麼這麼早就來了，克洛克先生。」

克洛克也回應著問候：「你也早啊，露絲。看來我們都習慣於早點工作。」說著，克洛克就拿起露絲身邊的掃帚，開始掃起地來。

露絲驚訝地瞪大了雙眼，她還從來沒見過這樣的老闆呢！她趕緊阻止克洛克：「還是讓我來吧，克洛克先生，你年紀畢竟已經不算小了。」

克洛克卻笑著說：「沒關係的，一定要注意店內衛生，這可馬虎不得噢！」

還有一次，克洛克在辦公室向埃德布置一些事務之後，就走出辦公室去巡視店裡的情況了。

埃德把關於採購和訂貨方面的事務都安排下去之後，就起身去了洗手間。他驚奇地發現，有一個穿著整潔筆挺西裝的人正在低頭拖地，看背景似乎有些眼熟，但卻並不是平時那個負責打掃洗手間的工人，而且工人也不可能穿著西裝拖地啊！

埃德正在納悶，那個人抬起頭轉過身來。埃德驚訝地脫口而出：「克洛克先生，怎麼是您？」

埃德趕忙走上前去，奪過克洛克手中的墩布，並說著：「怎麼能讓您幹這種活呢？我馬上叫工人來打掃。」

克洛克擦了擦汗並喘著粗氣說：「是的，埃德，不應該讓我來幹這種活。但是，難道就讓打掃衛生的工人在發現這塊髒地方之前一直讓它髒著嗎？」

埃德從這之後，也像克洛克一樣，對店裡的衛生要求非常嚴格，他對員工們說：「我們要把麥當勞當作自己的家一樣愛護。讓大家都願意『回家』，大家明白嗎？」

克洛克聽說之後，心裡非常高興。

發現問題調查解決

一九五五年五月底，克洛克應徵了哈里‧索恩本。哈里原來是泰斯特冷凍公司的副總裁，是克洛克在做多功能奶昔機時認識的。

哈里出生在印第安納州的埃文斯維爾。童年時，他的父母就去世了。他是由在紐約開男工服裝成衣廠的叔叔撫養長大的，後來在威斯康星大學畢業後就一直住在芝加哥。

這一天，哈里打電話給克洛克：「克洛克先生，我已經辭去

在泰斯特公司的職務，賣掉了全部的股份。我希望我能為您工作。我聽說過你在德斯普蘭斯的店，所以我就出來找這個店。我現在可以告訴您，在馬路這邊看，你已經是贏家了，克洛克先生。」

克洛克回答說：「我有興趣和你談談，但我必須告訴你，我現在還沒有能力多僱人。」

哈里說：「我很樂意試一試，以便改變你對這一點的看法。」於是，他們安排了一個時間，五十三歲的克洛克與三十九歲的哈里見了面。

又高又瘦的哈里外表看上去顯得有些笨拙，但克洛克很清楚，哈里正是他需要來發展麥當勞的人。

不過克洛克還是表示：「我沒有錢雇你，我現在的資金完全來自於普林斯堡銷售公司，我還要負擔設立新的專營店系統的費用。」

但哈里很有決心說：「克洛克先生，我有決心把麥當勞搞好。如果需要的話，我可以一天二十四小時都貢獻給麥當勞！」

克洛克很佩服哈里的韌勁，他也能想像得出，哈里來管理財務，瓊管理辦公室，自己負責經營發展業務，麥當勞一定能迅速發展。

而且，哈里提出的條件也讓克洛克無法拒絕。他說：「我來麥當勞工作只需要每週一百美元的淨收入。」

　　哈里進入了麥當勞，他積極地鑽研當時克洛克面臨的許多法律和財務方面的問題。他鑽進書堆裡，了解合約的詳細情況、財務策略以及律師和銀行家的情況，為麥當勞開闢了一個新天地。

　　克洛克的第一家樣板店順利開張了，雖然從一開始就賺錢，但是，差不多用了近一年的時間才使它進入了平衡的經營狀態。

　　新店開張不久，克洛克就發現了一個很重要的問題，他的漢堡和總店的沒有什麼兩樣，甚至口感還要更好一些，但是，新店的薯條吃起來卻平淡無味，就和其他的速食店的薯條沒什麼特別之處，這跟總店的甜美香的薯條簡直就沒法相比。

　　克洛克仔細回憶在總店學來的一切細節，自言自語說：「沒有什麼差別啊，那問題到底出在哪裡呢？」

　　炸薯條成了克洛克擔心最多的問題。他帶著埃德在廚房裡反覆示範著削馬鈴薯：「這就是麥當勞的訣竅，馬鈴薯上留下薄薄的一層皮，以增加一點味道。把馬鈴薯切成像鞋帶一樣寬的細條，浸在冷水洗滌槽裡。」

　　然後，克洛克捲起袖子，先對手臂進行消毒，把手臂伸進水裡輕輕攪動馬鈴薯，直至水色變白；然後，把它們徹底地漂洗一遍後放在筐裡，再用滾熱的油炸透。

　　薯條被炸得成了特別好看的金黃色，如一個個小船兒浮出

油的表面。克洛克拿起來放在嘴裡嚼：「噢，鬆軟得就像玉米粥！我在什麼地方弄錯了？是否忘了什麼？」

克洛克疑惑地看著埃德。

埃德說：「要不要向總店打電話問一下？」

克洛克說：「不，還是我親自去一趟。」

克洛克趕到總店又看了那些步驟，「沒有錯啊，所有細節完全一樣！」莫里斯和理察兄弟倆也弄不明白這到底是怎麼回事。

克洛克整天在辦公室裡走來走去，一直想不明白薯條味道差別的祕密：「就沒有一個專家能夠解答這個問題嗎？專家……對啊，找專家。」他馬上把祕書叫了進來：「快，你立刻跟我查馬鈴薯和洋蔥協會的電話號碼！」

打通電話後，專家們讓克洛克親自去一趟，詳細講一下炸薯條的程式，一步一步講清楚。

專家們聽了，搖搖頭困惑地說：「兩家的程序完全一樣，這根本找不出癥結所在。」

克洛克一下子感到有點絕望了。

這時，坐在牆角的一位年輕的圖書管理員突然開口說：「克洛克先生，您說一下，他們是在哪裡收購馬鈴薯的，又是怎麼存放的呢？」

克洛克似乎看到了一絲希望，他說：「他們是從愛達荷州的

馬鈴薯種植主那裡收購馬鈴薯的。馬鈴薯就存放在倉庫裡，用遮光的細絲袋裝著。」

年輕的圖書管理員突然說道：「好，就是這個原因！」

克洛克詫異地看著這個年輕人。

圖書管理員眼睛發亮，高興地說：「克洛克先生，我發現了這個祕密！」

克洛克心情激動，幾乎是在哀求他：「真的嗎？那就快點說出來吧！」

年輕人說：「馬鈴薯剛被刨出來的時候，水分很多。當它們幹了以後，糖分就變成了澱粉，味道也就變了。這可能也是一種巧合吧。可能麥氏兄弟也未必知道，用通風的口袋對馬鈴薯做了自然處理，是讓沙漠裡的乾燥風吹在馬鈴薯上，馬鈴薯就幹得特別快，他們無意中幫馬鈴薯多儲存了糖分，味道也就不一樣了。」

克洛克興奮地上前抱住了這個聰明的年輕人：「謝謝你，問題原來就是這麼簡單，連麥氏兄弟也不知道自己的薯條特別好吃的祕密！哈哈，祕密解開了，就有辦法解決了。」

在馬鈴薯專家的幫助下，克洛克設計了處理系統，把馬鈴薯用帶孔的細絲袋子來裝，放在乾燥的地下室裡，這樣舊馬鈴薯就總是排在前面等著去廚房。另外在地下室裡裝了一台大電扇，不停地給馬鈴薯送風。

　　埃德看了，對克洛克說：「我們有世界上最嬌貴的馬鈴薯，把它們做熟，我幾乎都有一種犯罪感。」

　　克洛克說：「說得對，埃德。我們把它們做得更好。我們要把它炸兩遍。」隨後，克洛克就解釋了馬鈴薯專家建議的試驗程式。他們把每筐薯條先在熱油裡蘸一下，讓它們滴乾油後，再送到鍋裡炸透。這樣，薯條就達到了超出期望的效果。

　　後來，克洛克還發明了一種方法，把炸好的薯條放在一個不鏽鋼的大滴油盤裡，盤子上裝了幾盞燈泡來烘乾，這樣薯條的油脂就很快吸乾了，賣到顧客手中的就是乾爽酥脆的美味薯條了。

　　克洛克的一個供貨商對他說：「雷，你應該知道，你還沒有進入漢堡的行業。我不知道你是怎麼支撐下來的。在這個城裡，你的炸薯條是最好的，這就是你在店裡向人們賣的東西。」

　　克洛克笑著回答說：「我認為你說得對，不過，你這個狗東西，千萬不要把這些都告訴別人啊！哈哈……」

　　埃德在算帳的時候發現，用這種新方法炸薯條，無形中增加了許多成本，相對而言利潤也就少多了。於是他向克洛克建議：「我們是不是考慮適當地把價格漲一漲呢？」

　　克洛克卻堅定地說：「不，我們的薯條還是賣十美分一份。埃德，只有我們在同等的價格上比別人做得更好，我們才會吸引更多的人來買我們的食品。做生意不能只圖眼前的一點好處。」

　　埃德很佩服克洛克的見解，因為不久他就發現，店裡的顧客幾乎比之前增多了一倍，並且好多人都是特地開車從遠處趕來光顧這家具有「獨一無二美味的薯條」的餐館的。有的人自己吃完了，還要多買幾份，帶回去讓家人和朋友品嚐。

招納賢才同舟共濟

　　一九五五年，克洛克成立了麥當勞特許經營公司之後，專門負責把麥當勞的品牌賣給合適的經營者。

　　與此同時，克洛克多功能奶昔機的生意依然還做著。他應該感謝多年來的這家普林斯堡銷售公司，公司銷售收入用來支付房租和薪資，而他自己卻全身心地投入到開發麥當勞的事務中。

　　克洛克每天都到得很早，幫著把店鋪開門上的準備工作做好。然後把訂貨和保證食品供應方面的細節寫下來留給埃德。之後把車留在店裡，步行到三四個街區以外的西車站，趕乘七點五十七分的快車到芝加哥，在九點以前到達普林斯堡公司辦公室。

　　在克洛克的周圍，現在有一個優秀的群體。克洛克就像是一艘航行大船上的船長，帶著兩方面的船員們一起揚帆遠航。

　　瓊一般都比克洛克先到普林斯堡的辦公室，她現在幾乎負責公司裡所有的日常事務，比如他們在東海岸的代理商之間的業務等，他們在各地都有代理人搞多功能奶昔機的銷售。

　　克洛克個人則負責處理與一些大客戶的業務。隨著麥當勞的業務需要他投入越來越多的精力，一切事務都由瓊來打理。克洛克感覺，有瓊在，一切永遠都是那麼井井有條，他不會為之擔心。

　　而每到晚上，克洛克總愛坐車回到德斯普蘭斯，再走回麥當勞店，他有時會惱火埃德忘了在天黑時把燈打開，或者忘了收拾店周圍的一些垃圾。不過這些都是次要的，埃德的確忙得沒有時間。

　　哈里這位克洛克的「財務部長」已經成為金融方面的專家，他幫助克洛克把麥當勞的財務管理得清清楚楚。而且，在哈里的建議下，克洛克還把公司的一部分錢投在了房地產上，這也帶來了很大的收益。

　　哈里還要去銀行去洽談每一筆貸款，有了這樣一位得力的助手，克洛克身上的擔子明顯輕多了，他可以不用擔心公司的經濟問題，而把精力都用在發展業務方面。

　　一九五六年，麥當勞連鎖餐館越來越多了，克洛克需要應徵一個專人來管理這些餐館，這時，二十三歲的弗雷德·特納來到了他的面前。他是和一個叫喬·波斯特的年輕人看了克洛克在《芝加哥論壇報》登的有關辦專營店的廣告後一起來應徵的。

　　二月的一天，當弗雷德·特納第一次走進克洛克辦公室的時候，克洛克看著這個長著可愛的娃娃臉，一笑眼睛就瞇成一條縫

的年輕人，心裡就喜歡上了。弗雷德和喬以及另外兩個人成立了
一個波斯特—特納公司，想要買下一個麥當勞的專營店，由弗雷
德和喬來經營，他們願意用分期付款的方式支付許可證費用。

克洛克很高興，並建議他們在找到自己辦店的地點以前，
可以先在德斯普蘭斯的店裡工作一段時間，學習辦店的方法。

弗雷德接受了克洛克的建議，立即到店裡去工作了，一小
時拿一美元的報酬。

克洛克很快就發現，弗雷德的才華和能力遠遠超出了他這
個年齡的人所能具備的。他有一種天賦，很快就適應了麥當勞有
序運轉的節奏，知道工作的輕重緩急。他有著非常強的創造力和
外交能力，在和供應商打交道的時候，幾乎無往而不勝。

這年秋天，比爾‧巴爾在芝加哥西塞羅大街上新開了一家麥
當勞店，他問克洛克：「能否讓弗雷德去做我這個店的經理？」

克洛克爽快地說：「當然可以。但是你要記住，我想讓他到
公司來，當時機成熟的時候，我就會把他要回來。」

不久以後，克洛克在伊利諾州南部坎卡基的發展出現了困
難，他急切想把弗雷德要回來去處理這件事。弗雷德同意了。

一九五七年一月，弗雷德來到麥當勞公司辦事處工作，這
一年，他們在全國一共新開了二十五家麥當勞餐館，在全國一共
有三十七家連鎖店了。

另外，弗雷德還為所有麥當勞餐館統一了進貨的通路，改進了包裝的品質……

經過一段時間之後，克洛克心裡竟然閃過了這樣一個想法：這個年輕人生來就是個當領導的料，早晚有一天會接自己的班，成為麥當勞公司的總經理。

克洛克的領導風格傾向於專斷，這與哈里內斂的風格相去甚遠。從另一方面看，哈里的冷靜、不動情的行為方式卻無法激起人們的精神和熱情。克洛克更喜歡讓人們充滿熱情，他喜歡把麥當勞的精神灌輸給他們，然後再觀察他們的工作成果。

哈里和克洛克不一樣，但長期以來，他們能夠互相補充，使那些不同之處把他們變得更加強大。

弗雷德使這個聯合體又增加了另一個特色。他幫助新的經營者開業，幫助他們與當地提供肉、小麵包和調味品的商人打交道。他的對外交往能力，加上他在烤食品方面的經驗，使他們對供貨的方式及其包裝做了重大的改變。

克洛克的麥當勞王國雛形已經基本形成，克洛克是當然的「國王」，他熱情奔放的氣質以及他雄才大略不亞於任何一個真正的國王。

而瓊則是忠心耿耿的「內務大臣」，王國的一切內部事務都由她來管理，能保證王國正常運轉。

「財務大臣」當然是哈里了，他一直牢牢地掌握著財務大

權，讓這個王國變得越來越富足。

弗雷德是當仁不讓的「外交大臣」，同時又是攻城拔寨的「大將軍」，負責處理王國一切外部事務，他勇敢而堅韌，英明而果斷。

王國就在這樣一群優秀群體的經營下向前穩步發展著。

群策群力攻克難關

一九五九年，威斯康星州的一個承包商克萊門‧博爾找到了哈里，他承諾說要為克洛克的麥當勞公司幫忙，並許下一個相當誘人的計劃：「我想到處走走，以便在全國不同的地方為麥當勞餐館找到好的地點，然後買下地皮，讓麥當勞公司在那裡造房子。另外，我還可以幫你找到貸款，把它們租下來。」

哈里帶克萊門去見克洛克，克洛克見克萊門說得很誠懇，就答應了。

克萊門於是到遙遠的郊區去尋找土地，還真找到了一塊位置不錯的地，並在上面蓋起了麥當勞餐館。

克洛克和哈里對這件事並沒往多處想，因為他們忙碌於自己的項目，使麥當勞的迅速發展成為可能。

突然有一天，瓊給克洛克打電話：「克洛克先生，哈里有急事要跟你談一談！」

　　克洛克一聽瓊的語調異於常日，就意識到可能要出事了，而且肯定與克萊門有關。因為之前哈里就跟他談過，說克萊門行為有些怪異。

　　當時克萊門已經有了八塊地皮，每塊地皮上的麥當勞餐館都已經即將完工，他一直向克洛克彙報好消息。

　　但現在克萊門卻突然消失了！

　　哈里和瓊來到辦公室，他把這一切都告訴了克洛克。然後他說：「雷，這次我們恐怕要遇到大麻煩了！我們的債權人對我們租賃土地提出了起訴。那個畜生從來也沒有把這些財產的所有權劃清楚，他從來也沒有為這些找到財政資助。現在，它們的主人都找到我們頭上來了。」

　　克洛克一聽，簡直都要氣暈過去了，他問：「我們該怎麼辦呢，哈里，大概要多少錢？」

　　哈里說：「噢，雷，至少是四十萬美元。」

　　克洛克快要瘋了：「我的上帝啊！我們還僅僅是一個小公司，到哪裡去弄這筆錢呢？」

　　克洛克在辦公室裡來回踱步，一會高聲大罵克萊門：「抓到你我非把你撕成兩半不可！」一會又責怪自己：「當初就不應該相信這個大騙子！」

　　辦公室裡其他人一時都不敢出聲，只是靜靜地坐在那裡。

過了一會，瓊站起來走到克洛克身邊：「雷，安靜一些，著急是於事無補的。」

克洛克卻按捺不住：「我們該怎麼辦？！」

這時哈里說話了：「雷，聽我說，你也不要太悲觀了，也許事情還沒你想像的那麼糟。」

克洛克聽了哈里的話，他停住了腳步，因為哈里是一個十分內向的人，不經過深思熟慮他是不輕易開口的。

於是他看著哈里：「說吧，哈里。」

哈里說：「我有個主意，我認為它可以把我們拉出泥潭，我們可以要求麥當勞的供應商給我們提供貸款。我算了一下，大概可以搞到三十萬美元。另外，我在皮奧里亞認識一個名叫哈里‧布蘭查德的人。他的老婆有一座大啤酒廠，他有些錢可以借給別人。我認為他可以幫助我們度過難關。」

弗雷德在旁邊聽了，也興奮地站了起來：「這是個好主意！我們的供貨商一定會幫我們的！因為我們是他們的最大客戶，我們垮了對他們也是一個沉重的打擊。他們應該與我們同舟共濟。」

瓊也說：「雷，我也同意哈里的計劃。我們馬上分頭行動，你和哈里就專心去辦這件事，公司有我和弗雷德你就放心吧！」

於是，克洛克和哈里以最快的速度去實施這個計劃，而且

一切都如神助般成功了。珀爾曼紙張公司的盧·珀爾曼、埃爾金奶製品公司的蘋·卡爾斯塔德、瑪麗·安銀行公司的路易斯·庫丘雷斯和大陸公司的阿爾·科恩等都同意提供貸款。哈里的朋友布蘭查德及他的合夥人卡爾·揚也把錢借給了克洛克。

就這樣，四十萬美元居然在很短的時間裡就湊齊了！

雖然這種局面使克洛克的財務出現了不穩定的狀況，但經過這麼一處理，壞事竟然變成了好事，克洛克他們又多出了八塊位置極佳的地盤，而且馬上就竣工的麥當勞店剛一開張，就生意火爆！

一九五九年，公司實現純利潤九萬美元。

另外，透過這件事，他們和供貨商之間創造了相互信任、相互支持的精神，並且這種關係越來越牢固。

它的另一好處是，使克洛克從此有勇氣去大量借錢，從而更快地發展麥當勞餐館。

絕處逢生的克洛克高興地請他的得力幹將哈里、瓊和弗雷德，到一家當地最豪華的酒店去吃飯。

克洛克在飯桌上頻頻舉杯向三個人敬酒，他眼含熱淚說：「我心中的激動是無法用語言來表達的。真的。我對你們，尤其是你，哈里，我真不知道該用什麼樣的話來表達我對你的感激之情。沒有了你們，也就不會有麥當勞的事業，我相信，我們的未來一定是無比輝煌的！而這輝煌，屬於我們在座的每一個人，

屬於我們這個團結一致的團隊！讓我們為了麥當勞的明天——
乾杯！」

四個人共同舉起酒杯，一飲而盡。

這一年，哈里被任命為公司總裁兼總經理，克洛克出任董
事長。

冒風險買下麥當勞

一九五九年，克洛克在與哈里等人討論貸款問題的時候，
就產生了自己辦十多個餐館並組成一個公司的主意。

他認為，這樣即使在麥當勞兄弟提出他們不履約的問題
時，這個公司依然能使他們得到穩定的收入。再往遠處看的話，
即使情況最不好的時候，他們還可以退一步用別的名字來經營這
些餐館。

這種想法也是在克洛克與克萊門打交道過程中得到的經驗。

這種經驗就是，公司不能變成各店的供應商。克洛克必須
在各個方面盡力幫助每個經營者獲得成功，他們的成功就保證了
克洛克自己的成功。

克洛克無法把經營者看成是自己的一個客戶，他說：「把一
個人既看成合夥人同時又要向他出售東西時得到利潤，這兩件事
在處理時是相矛盾的。一旦捲入了供貨的業務，那對銷售所得的

關注就會超過對專營者銷售情況的關注。這種傾向就會逐漸變得很強，使你為了獲得更多的利潤，而較少地關心賣給他的東西的品質。這些都會對專賣者的生意產生負面影響，當然最終也會對自己的生意不利。」

抱著這種想法，克洛克也慢慢在建立自己公司經營的餐館。第一個麥當勞經營公司的餐館是從加利福尼亞州托倫斯的一個經營者手裡買過來的。

一九六〇年夏天，由克洛克他們公司自建的第一個餐館在俄亥俄州的哥倫布開張了。

八月三十日，麥當勞的第二百個店面在田納西州諾克斯維爾開張，它的店主是原海軍陸戰隊的一名少校利頓·科克倫。當時，在僅隔那處店不遠的地方就有搞漢堡經營的競爭者，而且它還是南部地區的一個大連鎖店。

就在利頓的麥當勞餐館開業的那一天，他的競爭者宣布推一種特價——三十美分買五個漢堡，並且一個月之內價格不變。

利頓雖然沒有賣出什麼漢堡，但是他仍然在獲利，因為許多人在麥當勞的競爭者那裡買了漢堡之後，又到利頓的店裡去買飲料和炸薯條。利頓相信，他只要堅持下去，競爭者就無力長期堅持下去，而他的生意在競爭者垮台之後就會立即好起來。

但是利頓沒有想到，競爭更激烈了，對手又打出了新特價的廣告：「十美分一份，包括漢堡、奶昔和炸薯條！」

這下可真把利頓給鎮住了。他的一個律師朋友對利頓說：「利頓，他們這明顯違反了聯邦貿易條例，因為這個連鎖店在用削價的辦法來擠垮你的生意。我來幫你到政府起訴這個競爭者。」

一天下午，利頓又把這件事告訴了克洛克。克洛克看著利頓說：「你有些灰心了，利頓。我們可以在這一點上達成一致，但是我想告訴你，你對有些事情的感覺是強烈的。使這個國家變得偉大的，正是我們的自由企業的體制。如果我們一定要運用到政府起訴的手段來擠垮我們的競爭者，那麼我們就活該要破產。如果我們無法提供更好的十五美分的漢堡，不能當一個成功的商人，不能提供更好的服務和比較清潔的地方，我寧可明天就破產，不再幹這一行，而是從頭開始去幹別的。」

利頓聽了克洛克這番發自內心的、令人深思的話後，連夜趕回田納西，在店裡重展宏圖。

從此，克洛克再也沒有聽到利頓向他的抱怨，他知道，這名前海軍陸戰隊的大兵肯定已經圓滿地解決了這個問題。

一九六一年，克洛克創辦麥當勞公司已經將近六年了。這時，他已經在全國擁有了兩百二十八家連鎖餐館，這一年的營業額達到了三千七百八十萬美元。它擊敗了所有和它競爭的汽車餐館，而且，他們成功的方法也被其他店家所學習。

但是，克洛克年底一算帳，卻怎麼也高興不起來：「我們拚

命工作了一年，做出了這麼大的成就，可是公司卻只賺了七萬多美元。而麥當勞兄弟啥也不管，坐在家裡就能得到十九萬美元。哪有這麼便宜的事？」克洛克越想越不是滋味。

有一次，有一個叫皮里斯的經營商給克洛克打電話訴苦說：「真是可笑，我的經營狀況不是很好，你請莫里斯和理察兄弟來指導一下。他們幾乎整天在這裡閒逛，他們已經準備離開這裡了。雷，你知道他們對我說什麼？他們說：『你的一切都很好。你現在需要的是繼續這樣做下去，生意會有的。』太讓人惱火了，他們沒有給我任何幫助！」

不但是克洛克，哈里、瓊、弗雷德等人都為麥當勞的事業苦苦打拚了好幾年，但是他們的付出和報酬顯然不是對等的。

克洛克與麥當勞兄弟想的根本就不是一碼事。克洛克一門心思想的是把麥當勞辦成最大、最好的企業。而他們卻僅僅滿足於現有的一切。

這幾年裡，克洛克他們做出了幾百次細小地方的改良，為的是使麥當勞的品牌永遠立於不敗之地。但是麥當勞兄弟卻什麼都不想改變，他們對考慮更多的風險和更大的需求從來不感興趣。

而克洛克對他們無可奈何，芝加哥離加利福尼亞太遠了，他們之間無法經常溝通。

克洛克越來越感到，安於現狀、不思進取的麥當勞兄弟已

經成為麥當勞事業最大的絆腳石。但是，克洛克要與麥氏兄弟切斷關係的主要原因，是他們拒絕修改協議任何條款，從而妨礙了克洛克的發展。

不管是什麼原因，克洛克都想從他們的控制下解放出來。

克洛克從與好朋友、紙張供應商盧‧朗爾曼及其他人的談話中，得知可以勸說麥當勞兄弟出售公司。他們說，由於莫里斯的身體欠佳，理察對此感到擔心，並談到過要退休的事。

克洛克在辦公桌上重重地搥了一拳，下決心說：「是時候了！我來幫他們及早退休！」接著他就拿起了電話：「哈里嗎？嗯，你到我這裡來一下，是的，我有重要的事情要跟你商量，是很重要，可能關係到我們的下半生，總之是要多重要就有多重要。好的，我在辦公室等你。」

哈里以最快的速度站到了克洛克的面前，說：「到底是什麼重要的事？雷，你在電話裡說得那麼嚇人。」

克洛克坐在椅子裡，鄭重地對哈里說：「哈里，坐下，聽我說。我想把麥當勞買下來，是徹底買下來。我們不能再受麥當勞兄弟控制了！我已經無法再忍受了，現在是時候了，麥當勞應該由我們真正地來控制，我想我們能夠做到。」

哈里少有地露出了興奮的神情，說：「雷，你跟我想到一塊去了。我早就想過這個問題了。」

克洛克說：「那好，我們一起來研究一下如何來說服麥當勞

兄弟。」

兩個人思索了好久，想好一個方案，被推翻了；再想一個，又被推翻了。

克洛克拿著圓珠筆，在紙上漫無目的地亂畫著。苦苦地思索怎麼開口才能說服麥當勞兄弟，突然，他站起身把圓珠筆往桌上狠狠一摔：「哈里，我們不用再商量這個辦法那個方案了，無須猶豫不決，因為他們的律師只會為打嘴仗浪費很多時間，最後我們自己將一事無成。我就直截了當跟麥當勞兄弟說，看他們怎麼答覆。」

隨後，克洛克就拿起電話，向莫里斯說明了自己的想法。他最後說：「莫里斯，我希望你好好考慮我的建議，最好現在就告訴我一個價格，看看我們能否接受。」最後，他們決定對麥當勞兄弟用單刀直入的辦法。

莫里斯回答說：「那讓我跟理察商量一下，過兩天再告訴你。」

兩天之後，莫里斯給克洛克打來了電話。克洛克心情忐忑地拿起了電話，他不知道莫里斯會給他報出一個什麼價格。

突然，克洛克大聲嚷道：「什麼，兩百七十萬美元？！」

克洛克聽完後就扔下了電話和手邊的一切東西，過了十多秒鐘才又拿起電話。

莫里斯問：「剛才是什麼東西發出的噪聲？」

克洛克告訴他：「那是我從拉薩爾—瓦克爾大廈的二十層跳出去的聲音。」

「什麼？」

「沒什麼，你接著說。」

莫里斯在電話裡解釋道：「是這樣，我們也是經過慎重考慮的。我們可以賣掉所有的專營權、名稱、聖貝納迪諾的餐館以及與這有關的一切。你知道，我們感到已經賺錢了。我們做生意已有三十多年，每週工作七天，一週也不間斷。但麥當勞畢竟是當初我們辛辛苦苦才開創起來的，不能少於這個數目了，然後麥當勞所有的一切就都是你的了。我們拿到這筆錢，就去自己想去的地方旅遊，從今以後再也不會過問麥當勞的事情了。」

克洛克再次拿出了當年與克拉克交鋒時的勇敢，他答應了。但是，買下麥當勞自己建公司需要投入大量的資金，克洛克每天都在叫著：「錢！錢！」就連做夢都會夢到花花綠綠的鈔票向他飛來。

無論如何，也要拿下麥當勞，實現自己和大家的夢想！

哈里再次扮演了「單騎救主」的角色，他與三家保險公司談了，他們願意借給克洛克一百五十萬美元，條件是占公司百分之二十二點五的股份。另外還在他的朋友李·斯塔克的幫助下搞到了兩百七十萬美元的現金！

這些資金成為麥當勞火箭式發展起飛階段的助推器，把麥當勞公司送進了軌道。

按照克洛克和哈里當初的設想，依當時麥當勞的發展勢頭看，可能要用二十五年至三十年的時間還清這兩百七十萬美元。但是出乎他們意料的是，麥當勞迅速發展起來，他們只用了十年就還清了所有欠款。

現在，全美國所有麥當勞速食的連鎖店都屬於克洛克名下了。克洛克希望仍然用「麥當勞」這個名字，因為他從最初就希望麥當勞不只是一個被許多人使用的名字，而是以此建立一個餐館系統。這麼多年好不容易創下了這個品牌，當然不能丟棄了。

公司的名字雖然仍然叫麥當勞，但已經與麥當勞兄弟沒有任何關係了，因為他們拿到那筆錢，就愉快地退休了，然後周遊各地，照看他們在棕櫚泉的房地產投資。

麥當勞兄弟都拋錨了，而比麥當勞兄弟年長十多歲的克洛克，卻在他的花甲之年，才剛剛揚帆遠航。

麥當勞偉業

有人因為競爭可以設法偷走我的計劃，抄襲我的風格，但他們永遠也沒有辦法知道我在想什麼！所以我會把他們遠遠地甩在兩千五百公尺以外的地方。——克洛克

創造全新服務方式

一九六一年，五十九歲的克洛克終於徹底買下了麥當勞的品牌，從此開始創立他真正的豐功偉業。他帶領著全新的麥當勞，在激烈的競爭中劈波斬浪，快速前行。

當時，克洛克在綠滾石鄉村俱樂部有個朋友阿特‧特里格，那時克洛克也經常在那個俱樂部裡吃晚飯。於是克洛克就雇阿特給麥當勞的經營者寫封信。

不久以後，阿特就成了克洛克的貼身男僕，他們之間親密得就像小時候的朋友一樣。吃晚飯的時候阿特有趣的幽默感和同情心為克洛克解除了不少工作上的煩惱。

而與此同時，克洛克又再次戀愛了。

相遇很偶然，有一次，克洛克到克里特尼恩餐館去見它的老闆吉米‧齊恩，因為此人對成為麥當勞的專營店很感興趣。

在晚餐桌上談話時，克洛克感到自己的注意力很難集中，因為背後有手風琴拉出的古典樂曲聲。克洛克多年的音樂精神隨著起伏的節奏跳躍起來。最後，吉米帶他去見拉手風琴的人。

「上帝啊！」克洛克立刻被喬妮‧史密斯的美貌驚呆了。

很遺憾，透過交談，知道她已經結婚了。但克洛克卻永遠也忘不掉她。在後來的幾個月裡，克洛克經常鬼使神差地去見她。他的理由是吉米要參與麥當勞的事。

開始時，克洛克與她只是做一般性交談，後來用鋼琴和手風琴演二重奏，最後發展到了推心置腹的長談。克洛克向她傾吐了自己對麥當勞的想法和公司未來的發展計劃，喬妮則饒有興趣地聽著。

吉米的第一家店在明尼阿波利斯開張了，而且他僱用了喬妮的丈夫羅利當經理。為了此事，喬妮和克洛克用長途電話進行了商談。當然，這完全是生意上的事，但它卻帶有很大的感情色彩。

克洛克與喬妮通電話時，從頭到腳都感到興奮。

有了這種感覺，克洛克更感覺不可能再與艾瑟爾生活在一起了。他從阿靈頓高地的家中搬了出來，住進了懷特霍爾的一座公寓。

接下來，克洛克向喬妮建議：「我們都先辦離婚，然後我們再結婚。」

但是對喬妮而言，這是個難以面對的問題，因為她在成長的過程中非常尊重宗教禮儀，接受了婚姻是神聖的信仰。她無法下定決心。

最後，克洛克決定他自己先離婚。

於是，克洛克與艾瑟爾商量了離婚的事，她得到了除麥當勞股份以外包括房子、汽車、所有的保險和每年三萬美元的生活費。

克洛克一直很敬重艾瑟爾，她是一個可愛的人，一個很好的家庭主婦，因此他很樂意付出這些，來確保她有安全感。

但是，克洛克需要支付七萬美元的律師費，能得到這些錢的唯一辦法是賣掉普林斯堡銷售公司。哈里幫他做成了這筆生意，即由麥當勞的主要經理人員用十五萬美元的現金買下這個公司。

現在，只要喬妮一離婚，克洛克就可以與她結婚了。克洛克把自己的情況告訴喬妮，並在她思考時觀察她臉上的表情。

喬妮答應了，但是她說：「我還需要一點時間。」

在等待喬妮作出決定的這段時間裡，克洛克的全部精力都投入為麥當勞制定統一的店規上，這個店規用「QSCV」這四個字母來表示。

Q──Quality：意思是品質和品質；占據著第一位，表明它非常重要。

克洛克一直把品質和品質放在第一位，他把漢堡的口味和營養看得比什麼都重要。因為既然是餐館，那首先就要有最好吃的東西，才能吸引顧客。麥當勞的漢堡味道那麼好，那麼吸引人，當然不是輕易得來的。

克洛克每次到各個店巡視時，都會對它的經理和員工說：「要確保在美國任何一個地方的麥當勞連鎖店裡，吃到的漢堡都有相同的口味。品質和大小都要一致，這是一個硬指標，不容半

點含糊！」

克洛克依照樣板店來作為標準，統一規定了所有麥當勞連鎖店使用的調味品，包括油、鹽、番茄醬以及肉和蔬菜等，以及食品的製作工序和步驟細節。在這一點上克洛克是相當嚴格的，如果哪個店一次達不到要求就提出嚴重警告；警告後短期還沒有改變，那就果斷地吊銷他們的經營許可證。

有一次，克洛克正在店裡監督廚師們幹活，他的一個朋友漢斯恰好來拜訪他。漢斯就問克洛克：「嗨，你好啊，雷，我們家所有成員可都是麥當勞的常客啊！他們都說你們的漢堡為什麼口味如此與眾不同呢？你告訴我，這裡面到底有什麼特別的東西呀？」

克洛克笑著回答漢斯：「漢斯，你這麼說我非常高興！讓我告訴你，這是因為我們的漢堡都有絕對嚴格的規定啊！人們吃到嘴裡的每一個麥當勞的漢堡，都是嚴格按照統一的規定來製作的，別的店，有法跟我們比嗎？」

漢斯驚奇地問：「規定？那麼，雷，你能向我透露一下都是什麼樣的規定嗎？」

克洛克拉著漢斯參觀他們的生產線，一邊介紹說：「當然可以了，漢斯。你看，比如我們的漢堡的肉餅吧，這當然是漢堡味道最關鍵的部分了。」

漢斯點點頭，示意克洛克繼續說下去。

克洛克說：「在我們的肉餅裡，你就吃不到那種碎骨之類的硬核，也絕對不會選那些不應該用來做肉餅的肉。這可都是用的最新鮮的小牛肉做的，而且，我們把脂肪含量嚴格控制在百分之十九以下。」

漢斯「噢」了一聲。

克洛克示意漢斯聽他繼續說：「還有，我們絕對不使用那些添加劑，這些肉餅必須由百分之八十三的肩肉與百分之十七的上等五花肉混製，這都是經過十分精確的配比的。」

漢斯聽到這一連串的數字，驚訝地張大嘴巴：「哇！原來能做得如此細緻啊！」

克洛克又把漢斯拉到炸薯條的廚師跟前：「還有呢，漢斯，你們吃到的薯條肯定都是剛剛出爐的熱乎乎的！你看，廚師們製作出一塊漢堡、一盒炸薯條和一杯飲料只需要五十秒鐘。如果炸好的薯條七分鐘還沒有賣出去，或者烤好的漢堡過了十分鐘，那我們就會把它們扔掉。這樣就保證了顧客吃到的永遠是最新鮮的麥當勞食品！」

漢斯就像聽神話故事一樣。他突然又追問：「那麼，雷，如果一時沒有那麼多的顧客的話，這些漢堡和薯條做出來又扔掉，不是很大的浪費嗎？」

克洛克微笑著點點頭：「你這個問題問得好，漢斯。不過我早就想到這一點了。我們在廚房裡設了專門的生產控制員，他們

會根據店裡顧客的多少，來報給廚師們生產的數量，廚師們依此來煎肉餅、炸薯條，這樣一來⋯⋯」

漢斯明白了：「這樣，顧客就能吃到剛剛做好的食品，而又不會有太大的浪費了。真服了你的，雷。一個小小的漢堡，裡面竟然凝聚著這麼多的聰明才智。」

克洛克得意地笑了。

在麥當勞櫃台員工的訓練課程中，規定有服務顧客的「十誡」，例如：「顧客來我們店裡是我們的光榮；我們服務顧客並不是在幫他的忙。」「顧客不是爭執或鬥智的對象。」這些都是在藉著強調顧客需要至上的觀念塑造員工的態度。因此這種要求員工態度的標準化，縮小了員工的反應範圍，並且使員工不會表現出不禮貌、憤怒或厭煩的情緒。

克洛克多年經營，他當然懂得服務的價值。所以他要求，麥當勞的服務必須要做到快捷迅速、熱情周到，顧客就是上帝，一切以顧客的要求為準。

克洛克對經理和員工們說：

只有把顧客放在第一位，使他們始終得到滿意的服務，才能留住顧客的心。現在人們的生活節奏在不斷加快，而速食的誕生，正是為了滿足人們求快的心理。我們吸引顧客的訣竅之一也是快捷、方便。

把「快捷」、「方便」落實到經營上，克洛克說：「為了讓顧

客迅速地吃到食品，我們一律採取『自助餐』的形式，顧客排隊買餐，拿到裝在紙袋裡的食物後，就可以自己把食物帶走了。」

當然，員工在某種程度上確實也引導了互動，他們有時會叫顧客排隊等候，或者當顧客說得不夠詳細的時候，就會問顧客「在這裡吃或是帶走？」「要大杯可樂嗎？」等等。

克洛克強調，經理人應努力使得他們的店成為「快樂的工作場所」。員工的快樂是來自和顧客的互動。

有一位叫史蒂夫的員工有一天說：「顧客們都很有意思，他們使我有快樂的一天。有時候，像是昨天，我並不是很快樂。當我工作到一半的時候，有一位先生走進來。他的聲音很低沉，他的朋友和我都要他把音調提高一點。接著他說了一些話，而我也開始對他微笑。從那時開始我就感到很快樂。他們既善良又很有趣味，為他們服務真好。十位顧客中，可能會有一位給你帶來問題，但是其他九位顧客則會讓我快樂一整天。」

另一位男性櫃台員工也反映說：「我喜歡和顧客接觸，因為他們都是有趣的人。有些人會讓你感到興奮。所以我喜歡這份工作，它會讓我快樂！」

另外，克洛克還別出心裁，在很多店裡專門設置了兒童遊樂園，讓孩子們能邊吃邊遊戲。遊樂園裡放著一些孩子們喜歡的玩具，這對早年從事小飾品推銷的克洛克來說，很容易摸到孩子們的心理。

麥當勞還定期專門為孩子們舉辦一些生日慶祝會和打折的活動，想方設法把孩子們吸引到麥當勞來。這也是克洛克的高明之處，因為他知道，現在家庭對孩子越來越寵愛，抓住孩子的心理，也能把他們的父母吸引過來消費。

克洛克並不是要員工們讓一些標準統一的規定卡死，他鼓勵員工在特殊的時候可以用他們自己的方法去服務那些希望得到個別服務的顧客。

有一天，一位小女孩說：「我想要一個裝在大盒子裡的漢堡。」

員工向小女孩的母親說：「我們通常都用小盒裝漢堡的。」

但是小女孩的母親卻說：「她是被這些大盒子迷住了。」

這位員工就去問經理是否可以在大盒子裡裝一個漢堡。

這位經理當即表示可以。於是員工在裝大漢堡的盒子裡裝了一個小漢堡給了小女孩。

過了幾天，又有一位小女孩向這位員工要一把塑膠鏟子，而不要原告附在「快樂餐海灘桶」內的耙子。

經理告訴這位員工說：「但是我們已經沒有鏟子了。」

經理雖然這樣說，但卻仍然試著去找一把鏟子，最終找到了，讓員工拿給小女孩，並告訴她：「這是最後一把鏟子了。」

克洛克一直是一個最講究清潔的人，他最看不得麥當勞店

裡出現一絲汙點。

他一直強調：

食品業最重要的就是你賣給顧客的食品是否乾淨。在麥當勞店，一定要給顧客一個最好的用餐環境，要保證店裡店外絕對的清潔。如果顧客發現吃到嘴裡的東西不清潔，那麼以後誰還會到你的店裡來呢？！

克洛克為了讓員工們保持良好的清潔整齊的服務形象，他規定，店員們統一穿著整潔的豎條花紋制服，男員工每天必須把臉刮乾淨、頭髮梳整齊，並不許留長髮；女員工要戴髮網。每個員工都要保持口腔清潔，甚至指甲也要天天修剪。

克洛克經常到各個連鎖店裡做不定期巡視，檢查那裡的情況。後來他發現了一些問題，又提出規定：「顧客一走要立即清理桌面。凡是在店裡的任何一處發現了一丁點垃圾，也要馬上撿起來扔進垃圾筒。」

有一次，克洛克到俄亥俄州的一個連鎖店裡巡視，突然在牆壁上發現了一隻蒼蠅，他立即喊來了這家分店的經理，狠狠地訓斥了他一頓。一週過後，這位經理的代理權被吊銷了。

殺一儆百，這件事發生之後，分店的老闆們都知道克洛克對衛生的要求有多麼嚴格了，所有的麥當勞速食連鎖店都不敢有一絲馬虎了，都在店內清潔衛生上下了苦功夫，他們想盡一切辦法保持餐廳裡沒有蒼蠅。

在很長的時間裡，克洛克都堅持漢堡十五美分一個，薯條十美分一份。並把「花最少的錢，吃最好最實惠的食品」作為麥當勞的一句廣告詞。

對此克洛克解釋說：「麥當勞的價格一定要合理，要讓顧客感覺在麥當勞用餐是物有所值的。」

曾經有一位連鎖店的老闆就價格問題向克洛克提出建議，他說：「克洛克先生，我們的口味比別人的要好很多，量也不少，但是價格卻定得並不高。我看不如這樣，漢堡裡的肉餅可以做成中間帶有洞的形狀。然後用調味品把這個洞填滿，上面再蓋上泡菜，味道似乎也不錯，而顧客也不會發現。這樣成本就會降下來了，我們的利潤也就提高了。」

克洛克聽了，對他微微一笑說：「嗯，你的想法確實是出於對公司的好意，這個辦法也很有創意，並且似乎還有些藝術風格；但是，不要忘了我們麥當勞的宗旨，我們的目的是讓顧客能在麥當勞吃飽，而不是只想著從他們身上榨取利潤。愛動腦筋是好事，但我們是餐館，是吃飯的地方，不要光想著一點眼前的利益。我們始終都要把顧客的利益放在第一位，這樣我們才能有長遠的發展！」

「QSCV」從一開始就被克洛克反覆強調給了麥當勞的員工，而且他走到每一個場合都不忘記時時灌輸這四個字母所代表的思想和精神。在克洛克的帶動下，麥當勞的每一個員工都把這四個

字母牢牢地記在了心中。

　　克洛克明白，速食業在本質上是一種高度非集中化的事業，各個速食店不但在地理上分散得很廣，同時麥當勞大約百分之七十五的銷路都掌握在各個加盟店手中，而非由公司所掌握。所以克洛克說明了他處理因結合標準化和非集中化所產生的問題：

　　當然，我們的目標在於以制度的優劣，而非以某個分店或員工的好壞來克服反覆的工作。這需要長期的員工教育和輔助計劃，並不斷地審核員工的成績。另外，我們也需要一份投入全部心力的研究和發展計劃。

　　我很清楚統一的關鍵在於我們是否有能力提供員工樂於接受的烹調技術。因為員工勝於方法，他們終將為自己想出一些辦法來。

　　所以，無論顧客走進哪一家麥當勞的連鎖店，都會感受到一種「如沐春風」般的愜意，不僅是能吃得飽，還能成為一種工作生活之餘的舒適享受。

　　一九六一年年底，克洛克已經完成了麥當勞創新服務方式的觀念的灌輸工作，「QSCV」的經營準則在全國各連鎖店都得到了很好的體現。

　　就在此時，喬妮終於打電話告訴克洛克：「雷，我已作出了決定。我女兒和我母親都強烈反對我離婚，而我也不能與她們決

裂，因此，我……不能離婚……對不起！」

克洛克放下電話，獨自坐在那裡有好幾個小時，任憑電話鈴響，呆呆地看著天色變暗，街燈變亮。

後來，克洛克聽到阿特從外面的辦公室裡叫他。阿特站在門口，用疑惑的眼光看著克洛克。

克洛克疲憊地對阿特說：「把你的箱子整理好，阿特，我們要去加州！」

創辦大學培訓員工

一九六一年，自從那次「蒼蠅」事件之後，克洛克就開始思考一個問題：「如何才能讓各個分店的經營者的素質都能達到『品質、服務、清潔和價值』的統一標準呢？」

克洛克把目光在各個經營者名單中搜尋，最後，他定定地盯住了一個名字：路易吉·薩萬尼奇。

克洛克腦中立刻閃現出一個消瘦、嚴肅的青年人。

剛剛接觸的時候，路易吉·薩萬尼奇走進來，緊挨著克洛克的桌子坐了下來。他說：「我叫路易吉·薩萬尼奇。已經很長時間沒有住在美國。瓊·馬蒂諾為我從義大利移民美國作了擔保，並為我在伊利諾州格倫埃倫的麥當勞店裡找到了一份工作。」

克洛克設法發現路易吉在公司有可能發揮的潛力，但路易

吉的問題是受教育程度太高。

路易吉在梵蒂岡的羅馬及拉丁語大學獲得了教會法規博士學位。他把閱讀古希臘文作為消遣。他來美國時曾設想在某個大學找個教書的工作。他的妻子也是個博士，已被印第安納州的瓦爾帕萊索大學僱用了，但路易吉卻驚奇地發現，美國的大學都不教拉丁文，它們不需要他的專業。所以，他就到了麥當勞，從最底層的職員幹起，一直做到餐館的經理。

路易吉在格倫埃倫的麥當勞做的第一件事，是他在業餘時間自己編訂了一些課程，給自己店裡的員工講授。這些課程都是有關經營方面的。教授正式的經營課，在麥當勞的系統裡這還是第一次。

路易吉認為手下的職員迎接顧客的方式不對，有些人則是不夠靈活，這是因為沒有掌握一些科學的經營方法，於是就寫了名叫「窗口人的課」，並讓他的職工聽他講課。他甚至還布置家庭作業；如果他們的工作有了改進，他就給他們發獎金。

結果，路易吉店裡的銷售量幾乎一直排在所有的麥當勞連鎖店的最前面，顧客的反映也都非常好。

克洛克覺得路易吉這個創意很好，他決定找路易吉談談。於是他來到路易吉店裡，把自己的想法告訴了路易吉，最後說：「路易吉，我想認真聽一下你的意見。」

路易吉首先說：「克洛克先生，我們的餐館不僅僅是要辦成

一個巨大的成功連鎖店，我覺得，我們還應該帶來一種全新的企業文化。」

克洛克一聽就激動起來，鼓勵說：「好，說下去。」

路易吉受到讚揚，臉上泛起一絲紅暈，他接著說：「麥當勞餐館是一個『裝在汽車輪子上的社會』的象徵，在這個社會裡，人們生活節奏越來越快，已經習慣於手上拿著食品，邊開車邊吃飯。在這樣的時候常常選擇的是麥當勞。可以說，麥當勞的出現和成功，代表了這個社會、這個時代的需求。」

克洛克眼睛放光，向路易吉頻頻點頭。

路易吉繼續發表他的見解：「所以，一個成功的企業是一定要有自己的內在精神的。我們一定要讓我們所有的經營者和員工們都明白這一點：只有形成了我們特有的風格，我們麥當勞才能真正走向全世界！」

克洛克聽到這裡再也坐不住了，他站起來，激動地走上前，緊緊地握住了路易吉的手說：「你講得太好了，路易吉。你明天就到總公司來吧！」

早在克洛克把弗雷德調到公司總部來時，就有過為新經營者和經理辦學習班的想法。弗雷德對此也有熱情，而且這些目標經常在會上討論，但由於更緊迫的事情，它們往往又都被擱在了一邊。但是，弗雷德和阿特及一個叫尼克·卡羅斯的現場顧問合作，已經編了一本《培訓經營者手冊》。

現在，克洛克決定馬上啟用路易吉，來給店主和經理上正式的管理經營課。

培訓課程進展得很好，克洛克又開設了幾門選修的課程。晚上學員們學習知識，第二天就可以用到經營實踐中去驗證效果了。

從餐館的實踐中表明，課程的效果非常好，學員們也都學得很認真。克洛克問到他們的學習心得時，他們都說：「很好，在這裡確實學到了很多新的東西，也更加深深地體會到了麥當勞的精神實質。」

克洛克更高興了，他於是決定：「這樣的培訓還要繼續下去，要把培訓工作變成一種常態。我決定建立一所漢堡大學，讓大家透過速食這個行業學到高深的學問！」

早在克洛克計劃在發展迅速的芝加哥西北部的埃爾克格羅夫村建一個公司所屬的餐館時，他就堅持它要有一個完全的地下室，而不是半地下室。現在，這間狹小的、沒有窗戶的地下室成為了講課用的第一個教室。這家「地下大學」的第一屆畢業生只有三個人。

克洛克要求：「每一個麥當勞的經營者必須要在漢堡大學進行過專門的學習和訓練，掌握了製作麥當勞食品的工藝和步驟，並獲得『漢堡大學』的學士學位，才可以去開麥當勞的連鎖店。」

　　而對於那些店裡的職工，克洛克也有規定：「新招的職工必須進行十天的訓練後才能擔任店員。在這十天裡，有專門的老師為他們上課。」

　　幾乎所有的麥當勞新員工一進公司就被派到店鋪現場鍛鍊，在那裡穿著與正式員工一樣的制服，幹著與員工一樣的工作。剛進店鋪的員工，其最初職位為經理受訓生，在對開店和打烊業務、員工的錄用、現場操作指揮等業務進行系統學習的同時，還必須學習店鋪的經營管理技術。

　　員工在店鋪實習工作的最高責任者是店鋪的店長，員工每完成一項訓練，店長就會在訓練進展表的該項欄目中蓋上確認印。

　　在店鋪的日常工作中，店長會給員工創造各種鍛鍊機會，但是一旦發現問題又會及時進行指導，店長會在營業清閒期透過自己的作業示範糾正員工的操作錯誤，也會不斷地抽時間與員工談心，來消除員工的疑問和不安，並給予各種建議。

　　比如在營業高峰期，店長發現員工在指揮生產時因為太緊張，態度有點急躁，就尋機告訴他在指揮生產時，尤其是在店鋪營業高峰期，如果站在前頭的指揮者不能保持冷靜，其情緒會立即影響到各位員工，從而降低整個店鋪的服務品質。

　　又比如當店長發現員工在休息時間只顧一味地複習訓練教材，不太注意與店鋪員工交流時，就告訴他掌握理論知識固然重

要，但是盡量接觸店鋪員工還是非常必要的，因為這些員工都非常熱愛麥當勞，而且還有一部分員工其實比他們更熟悉店鋪的工作內容等。

後來，在伊利諾州奧克布魯克一塊景色秀麗的八十英畝的土地上，建成了麥當勞的主要管理訓練場所：漢堡大學。

克洛克在漢堡大學的開學典禮上講話說：「無論你們過去的學歷和教育背景是什麼樣的，在麥當勞，我們只承認漢堡大學培養出的漢堡學士，其他學歷我們都不予承認。」

這是世界上第一個，也是獨一無二的漢堡大學，第一批的十八個學員經過了嚴格的考試，克洛克向他們頒發了「漢堡大學」的學士學位和選修炸薯條的結業證書。

至一九六三年，漢堡大學已完全成了公司的一部分，把經過培訓後合格的經營者和經理送到餐館，在那裡，他們傳播著「品質、服務、清潔和價值」的準則。

這時，班級裡的學員平均為二十五人至三十人，每年舉辦八次至十次為期兩週的學習班。漢堡大學也幫助測試由他們在伊利諾州愛迪生的研究及發展實驗室開發的各種新設備，並讓學員們完成對這些設備的使用方法的培訓。

而在這一年，克洛克已度過了因租用和購置地產而造成的財政困難時期，而且這些地產也開始為他帶來不小的收益。也就是在這個時候，克洛克要建立和經營自己餐館的計劃進入第三個

年頭，並開始高速發展。

一九六八年，現代化的漢堡大學的白色大樓拔地而起，成了培養麥當勞公司經理人員的搖籃。

這時的漢堡大學，課程包括兩週的基礎職工課程和十一天的高級職工課程。早上八點三十分開始上課，每週上課六天。當天課程結束後，往往還有許多學生逗留在開放的辦公室裡向教授請教，或聚集在實驗室裡操作機器。

學生們的主要教材，是一本厚達三百六十頁的操作手冊。諸如從哪裡購買麥當勞計時器到如何安裝雙層架子等，都可以從書中找到。全書分食品、設備和管理技巧三部分，其內容是根據麥當勞分店的實際運作情況編寫的。

在課程中，對各種菜譜上的主要食品都有詳細的解說。授課的主題廣泛而富有變化。例如，學生要從這些課程中認識「奶油的五個敵人」以及預防奶油變壞的辦法，學習「基本冷凍知識」、「冷凍食品注意事項」、「管理決策」、「競爭」、「建築維護」和「現金管理」等。

學生們還要研究「令人憂慮的年輕人」，並學習防止這些年輕人滋事的辦法。精確地按標準辦事，是強調的重點，因為麥當勞分店中的每種產品都有一定的重量標準，學生們不能違反這些標準。

課程中的實用部分是讓學生熟悉多種飲料系統、電腦控制

的炸馬鈴薯條系統以及烤架、烤爐等設備，同時也舉辦有關加熱器、通風設備、冷氣以及淨水器問題的研討會。

漢堡大學甚至還有一個實驗室，這就是離學校一公里遠的一家麥當勞分店，學生們可以在那裡進行各種實習。在學校裡，學生們每天都要接受各種測驗。其內容包括如何對設備進行消毒、如何分析食品成分、如何掌握烹調時間等手冊上要求掌握的事項。

高級課程包括房地產、法律、再投資、財務分析以及市場等問題的研討會。此外，客座講師偶爾也對學生發表關於勞工關係、保險、顧客研究和店面改良等問題的演講。

一旦進了漢堡大學，就成了麥當勞所謂「頗為傑出和不凡的一群」。

沒有讀過大學的克洛克卻辦起了一所專業的大學，這不能不說是他的另一個創舉。

麥當勞研發實驗室

一九六一年的一天，在伊利諾州的格倫埃倫經營麥當勞餐館的經理漢‧馬蒂諾到克洛克的辦公室裡找他。

漢斯是瓊的丈夫，是個工程師。他一直與克洛克保持著很親密的關係，而且他也有豐富的店內工作經驗。

漢斯一進門，就發現了坐在椅子上愁眉不展的克洛克。漢斯就問：「雷，有什麼問題嗎？」

克洛克眉頭緊鎖地回答說：「我剛剛接到一份顧客的投訴。其實最近我已經接到好幾份這樣的投訴了，顧客說我們有幾家連鎖店的漢堡肉餅份量顯得很不均勻，有時大一些，有時又很小。而且薯條有時也感覺過硬了一些，可能是在油裡炸的時間長了一點。」

漢斯說：「這確實是個問題。」克洛克沉痛地說：「我們有沒有辦法來保證所有店裡的漢堡和薯條都讓顧客挑不出毛病來呢？」

漢斯沉思了一會，然後對克洛克說：「事實上，雷，我今天來找你也正是想說這方面的事。如果想在激烈的競爭中立於不敗之地，我們必須得拿出最好的、不斷改進和創新的東西。這些我們要走在別人的前頭。」

克洛克眼睛一亮，不由緊盯著漢斯，急切地催促：「是嗎？那你說下去，漢斯。」

漢斯接著說：「是的。我認為，我們有必要仔細研究一下這個問題。單單憑廚師個人的感覺來做漢堡和薯條，那肯定會有誤差。雖然依照我們的眼睛觀察和鐘錶計算，也可以大概掌握，但是有一點，馬鈴薯和牛肉可能會因產地的不同而品質也不一樣，我們無法讓全國的小牛和馬鈴薯都按一個標準來生長吧？所以

我說這種老辦法應該改變一下了。」

克洛克追問：「怎麼改變？」

漢斯鎮定回答：「用比較先進的機械設備和電子輔助設備，以提高食品生產線的速度，並使我們的產品更加統一化。」

克洛克說：「你的意思是……」

漢斯接著說：「我的意思是，雷，我想建立一個實驗室，專門來研究這些問題。」

克洛克想了一下說：「嗯，漢斯，你說得很有道理。我們就這麼辦吧！」於是，以漢斯為首創建了一個麥當勞研究發展實驗室。

漢斯的第一個項目是開發一種電腦，以掌握好泡薯條的時間。麥當勞在泡薯條方面有一個訣竅，它要求在薯條的顏色變到一定程度而且水泡變成一定形狀時，就要把薯條取出來。但是，每個在漂洗罐旁工作的人對適當的顏色等概念都有自己的解釋。

漢斯的電腦解決了所有的猜測性工作，人們可以根據不同的馬鈴薯調整油炸的時間，使薯條的含水量正合適。機器可以根據測試發出鳴響，廚師只要一聽見，就知道薯條到火候了。

當把這種機器配備到每一個店裡的時候，克洛克看到，所有店裡的薯條的味道和火候幾乎完全一樣了。他不由讚嘆：「漢斯真是個天才，他發明的這玩意兒真不錯！」

　　漢斯還設計了一種分配器，能準確地把一定量的番茄醬和芥末擠在標準的漢堡肉餅上，保證一點不差。

　　麥當勞堅持做肉餅的牛肉中的脂肪含量不得高於百分之十九，但這一標準在執行中難度較大，就不得不拿大量的樣品到一些實驗室去做檢測。隨著漢斯脂肪開發出分析儀後，這種狀況得到了改變。

　　這種分析儀很簡單，但很準確，經營者可以用它在店裡自己對肉做檢測。如果牛肉的脂肪含量超過百分之十九，他就拒絕接受運來的全部牛肉。對一個供貨商來說，這種事發生幾次後，他就會得到一個訊息，並改進品質管理。

　　所有這些進步都得到了回報。每一次新發明的出現，都讓麥當勞朝著科學化、規範化的道路邁出一大步。

　　當然，炸薯條的品質是麥當勞成功的重要原因之一。克洛克肯定不希望有不符合標準的馬鈴薯來損害麥當勞的生意。所以，實驗室工程最浩大的，還是在薯條方面。

　　漢斯帶領著工作人員，諮詢了好多領域的專家，費了近十年的時間，花了三百萬美元，改良了薯條的製作方法。

　　在當時的飲食行業，耗費如此大的人力物力財力，也是前所未有的。好多人為此都這樣評論克洛克：「他一定是瘋了，把這麼多的錢拿去搞這種試驗，他腦子一定是進水了。」

　　公司的好多員工也說：「我們的董事長太任性了，現在我們

已經發展得相當好了，每年都有幾十家乃至上百家新的連鎖店加盟進來，為什麼非要拿出這樣一筆巨資來研究什麼新的薯條製作方法呢？」

克洛克當然聽到了這些議論，但他始終沒有改變自己的初衷，並且對新薯條的開發痴迷得近於狂熱。

最後，他們終於發明了一種全新的薯條製作工藝。人們放在嘴裡一嚼，馬上就驚呼道：「上帝啊，這還是薯條嗎？味道簡直比那些炸雞和火腿更美妙啊！」

人們吃著美味的薯條，急於向克洛克探尋這種新薯條是怎麼炸出來的。克洛克笑著對詢問他的人說：「想炸出美味的薯條，祕訣只有一個：多付出心血！我們一直在進行工藝的不斷更新改良，所以才有了麥當勞無可匹敵的薯條。」

的確如此，麥當勞的薯條被全世界的顧客公認為正宗，這令克洛克感到深深的自豪，他說：「跟我們競爭的人完全可以賣和我們一樣的漢堡，但是，你不可能在任何地方買到和麥當勞一樣的薯條。當你嘗到它的時候，就知道我們在這裡面傾注了多少心血！」

根據市場開創新產品

一九六三年，麥當勞公司發展史上創造了一個新的輝煌，全國各地建了一百一十個店，達到了四千家，年銷售額超過

一千億美元，淨收入為兩百一十萬美元。

麥當勞的發展是如此迅速，幾乎到了每天就會有一個地方新開張一家的地步。但克洛克有著超強的記憶力，居然能說出這四千家店主的名字。

儘管如此，克洛克卻一直沒有放鬆對這些店的監督。因而店主和經理們對克洛克是又敬又怕，既喜歡這個精力充沛的老掌門人，又怕被他的嚴苛的眼光挑到毛病。

一九六三年，克洛克與簡‧多賓斯‧格林結婚後，從公寓房搬到了伍德蘭希爾斯的一個住宅房裡。他忙著購置家具，安裝各種很方便使用的東西，以便生活得合適些。克洛克選中這座房子的另一個原因是，它坐落在一個小山上，向下可以俯瞰主要大道上的麥當勞餐館。從起居室的窗戶裡，克洛克拿著望遠鏡就可以看到店裡的情況。

當克洛克把這些告訴了這個店的經理時，那個經理簡直頭髮都要豎起來了，但是，他卻更加囑咐員工勤勤懇懇地工作。

不過，他們一直都把克洛克當作自己的依靠，遇到什麼難題都找他幫助解決。而克洛克也永遠都會熱情給予他們幫助。克洛克還鼓勵愛動腦筋的人，所以有人產生了什麼新的想法，也愛講給克洛克聽。

辛辛那提的漢斯‧格羅恩在絕望中就想出了一個新主意，找克洛克說了。

　　格羅恩在辛辛那提的主要競爭者是「大男孩」連鎖餐館。它們在市場上占統治地位。然而，格羅恩卻只有設法在除星期五以外的每一天都能與那些連鎖餐館一比高低。

　　原來，辛辛那提的很多人信天主教，而「大男孩」餐館有一種用魚做的三明治。如果在教堂規定不許吃肉的星期五那天把這兩者放在一起來分析，麥當勞的生意就不得不從中減去一大塊。

　　當格羅恩把使用魚的想法告訴克洛克時，克洛克的第一個反應就是：「喂，不行！我並不在乎教皇自己是否親自到辛辛那提。他可以像其他人一樣吃漢堡。我們不打算用你的那個倒楣的魚來把餐館的名聲搞臭。」

　　但是，格羅恩又去做弗雷德和尼克的工作，並表示：「無論我怎麼做廣告和宣傳都無濟於事，『大男孩』因為有了魚，生意就是要好於麥當勞，這是不爭的事實。要麼讓我去賣魚，要麼就賣掉餐館。我只有這兩種選擇。」

　　弗雷德也為此做了許多研究，然後做了一次示範，從而使克洛克接受了這種想法，他對格羅恩說：「好吧，我們一貫對於連鎖店的合夥人的態度都是互利互惠的，你既然遇到了這樣的困難，那我們也不能袖手旁觀，就讓我們試試吧！我會派人先去考察一下你那裡的情況，你放心，公司絕不會丟下你不管的。你的建議我一定會仔細考慮。」

　　當時在公司任食品技術員的阿爾·伯納丁與漢斯一起去考察

了「大男孩」的魚肉三明治，然後回來向克洛克彙報。

克洛克一看到風塵僕僕趕回來的漢斯就問：「怎麼樣，漢斯。」

漢斯一邊坐下來喘口氣，一邊鬆著衣服領扣說：「雷，我看格羅恩的這個主意不錯，我們可以試一試。」

克洛克立刻說：「那我們現在就開始吧！」說著他自己先跑進了實驗室。

漢斯又與幾個科學研究人員研究了是採用大比目魚還是鱈魚的問題。最後，他們決定採用鱈魚。克洛克同意了。

透過調查發現，買賣這種北大西洋的白色的魚是完全合法的，而用魚做三明治是有很多種方法的：燒多長時間，用什麼樣的麵包，應該有多厚，用什麼樣的調味醬，等等。

有一天，克洛克在搞試驗的廚房裡，阿爾對他說：「漢斯·格羅恩店裡的一個僱員曾吃過一個帶有奶酪的夾魚三明治。」

「當然！」克洛克高興地說，「這正是這種三明治所需要的一片奶酪。不，用半片奶酪。」

於是，他們試做了一個，它非常好吃。這樣，奶酪就順理成章地進入了麥當勞，稱作「麥香魚」。

麥香魚一研製成功，克洛克就立刻親自開車趕到了格羅恩那裡。格羅恩一見到克洛克那開心的樣子，就知道成功了！

　　麥當勞開始只在星期五時在辛辛那提等有限的地區出售這種三明治，但是很快克洛克就收到來自許多店的要求，因此一九六五年後，所有的麥當勞店都出售這種三明治了。顧客們對麥當勞菜單上出現的新鮮東西都讚不絕口，銷量也隨之增加了一倍。

　　格羅恩私下里對妻子說：「像克洛克先生這樣的人實在是太少了，他對我們是如此無私公正。你遇到困難，他永遠會雪中送炭，而對企業也是盡心盡力，這就是麥當勞成功的原因！」

　　透過這件事，克洛克也受到了很大的啟發：「看來，麥當勞的菜單也不能一成不變，要隨著不同的情況有些變化才行！」

　　於是，克洛克又經常光顧漢斯的實驗室，與他商量怎麼研究出更多的方便快捷又美味可口的新食品。

　　許多人對克洛克試驗新菜單進行了詆毀，他們說：「克洛克的這種愛好是一種愚蠢的任性。這種愛好產生於他還沒有擺脫推銷員就愛賣新東西的願望。」

　　但在克洛克看來，這就是正在運作的完美的資本主義典型。

　　有一次克洛克正在漢斯身邊，瓊給漢斯打來電話，說晚上次家吃飯的事。漢斯順口說：「就在我們麥當勞吃漢堡不是很好嗎？」

　　但瓊卻答道：「你以為所有人都喜歡吃牛肉嗎？ 我喜歡吃炸雞和火腿！」

克洛克聽到這裡突然眼睛一亮：「對呀，漢斯，不只是瓊，我相信還有好些人不喜歡吃牛肉呢！那我們就從瓊說的雞肉和火腿開始吧！」

於是，麥香雞和麥辣雞翅又誕生了，這一下吸引了那些像瓊一樣不喜歡吃牛肉的人。不久以後，火腿三明治、雞腿漢堡、巨無霸、麥香蛋……也都一一被麥當勞奉獻到顧客面前。

另外還增加了奶昔的不少新品種。其中在康乃狄克州恩菲爾德的經營者哈羅德·羅森發明了聖帕特克節的特供飲料——白花醉漿草奶昔。他對克洛克說：「這會使一個名字像羅森的人想起一種愛爾蘭飲料。」

麥當勞現在變成了一個食品萬花筒，大大吊足了人們的胃口，他們都在期待著麥當勞能生產出什麼新的美味來。

市場的需求在不斷變化，世界也在變化中向前行進。克洛克一直在思索：「麥當勞也要與時俱進，要根據市場的變換來提供新的產品供給顧客。現在，我們還缺少一種什麼味道呢？」

最後克洛克想到了：「甜食！」

在潛意識中，克洛克早就覺得在食譜上應有甜點。但問題在於什麼樣的甜點才適合麥當勞的生產系統，而且能為廣大顧客所接受。

克洛克首先想到用草莓做餅，但它的銷路只好了很短一段時間，然後就賣不動了。克洛克也曾對油蛋糕寄予很高的希望，

但它卻沒有魅力。這需要一種在做廣告時能被渲染的東西。

克洛克為此又派出很多工作人員，對大眾的口味進行普遍的調查，他們印發了大量的調查問卷，列出好多選擇讓顧客來回答。

最後根據調查的結果，他們進行了新食品的開發和試驗，就產生了熱蘋果派和熱草莓派。熱蘋果派以及後來的熱草莓派都有特殊的品質，都是用手指夾著吃的上等食品，都使麥當勞變得更加完美。

看來人們很喜歡這種自己選出的食品，尤其是小孩子們，幾乎每個愛吃甜食的小孩子來到麥當勞，都要點上一份熱乎乎的、甜甜的、酸酸的熱水果派。

這些派大大增加了麥當勞的銷售額和收入，也創造了一個為麥當勞的餐館生產和提供帶餡的冷凍餅工業。

在有一年的聖誕節期間，克洛克恰好在聖塔巴巴拉參觀。他接到那裡的經營者赫布‧彼得森打來的電話，說要讓克洛克看一樣東西。他沒有給出這個東西的任何線索。

赫布向克洛克說出一個奇怪的想法──一種早餐三明治。它是用一個攤成圓形的雞蛋、一片奶酪和一塊加拿大鹹肉做成的。這些東西都放在一塊烤過後又塗了奶油的英式鬆餅上。

克洛克對這個想法感到有點驚奇，但後來品嚐了一下就被征服了。「哦！我要立即在所有的餐館裡出售這種三明治。」

　　弗雷德的妻子帕蒂給它起了個名字——麥香蛋。這種三明治很快就火起來。麥香蛋的出現為麥當勞的生意打開了一個全新的領域——早餐生意。

　　克洛克並沒有就此滿足，他的桌子上始終放著一份麥當勞的菜單，他就像進入戰鬥狀態的第六艦隊一樣密切跟蹤這一領域的情況。

　　麥當勞的研究與發展部門的專家、市場和廣告專家、經營和供貨專家聯合起來，共同為發展這種早餐業務制訂計劃的情形，確實是令人激動的。

　　後來，克洛克推廣一種全套早餐，就要提供薄餅。但這樣做又會讓顧客花時間來等待做餅，因此這就迫使他們想出一種在顧客不多時「根據顧客需要」再做餅的辦法。他們的食品生產線能迅速有效地生產漢堡和馬鈴薯條，現在需要重新組合，以便為早餐生意提供產品。

　　然後，所有的計劃制訂後，所有的供貨和生產問題解決後，還有一個經營者要考慮他的餐館是否做這種早餐生意的問題。當然，這意味著他要延長營業時間，也許還要增加僱員，給他們額外的培訓。

　　結果，這個早餐計劃就以一種非常溫和的速度在發展。但克洛克能夠看到它正在全國各地發展，能夠想像出許多店都會延長營業時間，比如是在星期天。

　　克洛克不斷地在試驗增加新產品，在有些店裡試驗的食品，也許不久就會被普遍地採用；同時，由於各種原因，有些產品將被淘汰。在克洛克的農場裡有一套供試驗產品用的廚房和實驗室，他們所有的產品都在那裡試驗過。

　　克洛克說：「我們希望能根據市場的需求變得靈活些，並能做出相應的變化。這是我們能夠做到的，它可以維持我們的特性。有人因為競爭可以設法偷走我的計劃，抄襲我的風格，但他們永遠也沒有辦法知道我在想什麼！所以我會把他們遠遠地甩在兩千五百公尺以外的地方。」

　　一九六三年，麥當勞歷史上還有一件有趣的事物產生，但它並非食品，卻家喻戶曉，也許只有聖誕老人能與之相比，那就是小丑「麥當勞叔叔」。

　　哥德斯坦是一九五七年加盟麥當勞的。一九六〇年，美國廣播公司開播了一個全國性的兒童節目——波索馬戲團。哥德斯坦覺得很有趣，他看準時機，獨家贊助了馬戲團，並叫波索的扮演者為麥當勞做廣告。波索當時扮演了一個貌似小丑的人物，頂著一頭火紅的爆炸頭，笑口常開，身著鮮黃色的連身工作服及紅色的大短靴，裡衫及襪子皆為紅白相間的條紋式樣。

　　波索這個滑稽的小丑殷勤地向孩子們喊道：「別忘了叫爸爸媽媽帶你們去麥當勞喲！」孩子們在嬉笑聲中牢記波索小丑的話，於是光顧麥當勞的人越來越多，營業額直線上升。

然而好景不長，一九六三年，波索馬戲團節目停辦，麥當勞的經營日漸慘淡。哥德斯坦深知父母熱愛自己的孩子，哪怕是小小的要求，做父母的都會認為合情合理。

鑒於波索小丑在孩子心中留下的深刻印象，哥德斯坦決心創造一個忠實地站在孩子們一邊的「麥當勞叔叔」，成為孩子們的大朋友。當「麥當勞叔叔」的塑像展示在店堂前時，還真的吸引了很多顧客，有不少是孩子。從此，哥德斯坦的麥當勞店生意又日漸紅火起來。

後來，克洛克知道了這個創意，給予哥德斯坦非常的肯定，並決定在所有連鎖店創立「麥當勞叔叔」形象。

「麥當勞叔叔」頭上頂著一隻裝有漢堡、麥乳精和馬鈴薯條的托盤，鼻子上裝有一對麥當勞杯子，腳上的鞋子像兩塊大麵包，其形象相當商業化。這個小丑般的形象，給顧客留下可親可愛的感覺，特別受到孩子們的歡迎。「麥當勞叔叔」成了全美電視廣告上為麥當勞宣傳的代言人。

另外，麥當勞的現場顧問有一天向克洛克提出了一個新建議。

前幾天，尼克站在一個相當潔淨的麥當勞餐館前的角落裡，這個餐館卻門可羅雀。他把一隻腳放在滅火塞上，望著坐在奇形怪狀的汽車裡的人和牽著有美麗絲帶的狗的行人從洛杉磯的大街上川流而過。

在經過仔細觀察之後，尼克找到克洛克說：「雷，我們無法把人們吸引到餐館來的原因是，這些金色的拱門與周圍的景色顏色十分相近，已經融為一體了。人們甚至看不見它們。我們要想點別的辦法來吸引人們的注意力。」

克洛克聽了，非常高興，他馬上表示：「你說得不錯，尼克。現在我最關心的是，你什麼時候能找到解決的辦法？」

不久以後，尼克就提出了好幾條改進的建議，這個問題也順利解決了。

鋸掉經理椅子靠背

一九六三年之後，麥當勞就像一艘開足馬力的戰艦，乘風破浪揚帆遠航。

但是，克洛克不喜歡整天坐在辦公室裡，而是把大部分工作時間用在「走動管理上」，就是到各公司、部門走訪，了解各方情況。他一直告誡公司管理人員：「深水行船的時候，總是難免有激流，也會遇到險灘。」

一九六五年的一天，克洛克看著會計送過來的資料，眉頭鎖了起來：上一季的財務帳單上居然出現了虧損！

克洛克立即感到了巨大的危機感：這是怎麼回事，肯定是哪裡出現了問題。

克洛克立即把公司的各個職能部門的經理召集起來，想徹底查清虧損的原因，並商量對策。

在開會的過程中，克洛克驚訝地發現，好多經理對於自己所負責的市場情況根本不了解，克洛克問他們具體情況時，他們支支吾吾；對一些具體進貨、銷售數字也是一問三不知，兩眼迷惘、張口結舌。這簡直把克洛克氣瘋了！

更可氣的是，好多人都不相信存在虧損的問題：「這怎麼可能呢，一定是會計算錯了吧！我們這些年已經形成了龐大的連鎖王國，經營狀況一直良好，怎麼會虧損？！」

克洛克的臉色越來越難看，他意識到：看來他們已經有好長時間沒有深入到市場中去了。人都是有惰性的，尤其是在安逸舒適的環境下，肯定會更沉迷其中。比如說，如果有炎炎烈日或涼涼空調，肯定大多數人會選擇後者。整天待在辦公室，不到外界走動，世界發生了天翻地覆的變化都不知道，如何把企業經營好？

這幾年來，麥當勞一直是順風順水，這使得好多的經理都開始丟掉了最初艱苦勤懇、兢兢業業的勁頭，他們也放鬆了對連鎖店裡員工的培訓，放鬆了對顧客回饋意見的重視，放鬆了提高服務品質來吸引顧客；有的上班時間竟然不在辦公室裡，跑到外面去閒逛。

克洛克想到這裡，下定決心：如果人們把安全和維持現狀

看得比機會、首創精神和士氣更為重要，那就很容易產生萎縮和腐朽。沒有危機才是最大的危機。貪圖舒適的工作環境，肯定不會有好的工作效率。這樣下去，麥當勞就完了，必須糾正這種現狀！

克洛克一邊生氣一邊苦苦思索：「如何改變這種情況呢？」

第二天，克洛克又習慣於遇到問題來回踱步，他還沒有想出很好的辦法來。走來走去，他的目光落在了自己的椅子上：寬闊柔軟的墊子，厚厚的靠背，自己平時累了就坐在上面歇息一會，舒服得就像沙發一樣。

克洛克自言自語道：「公司各職能部門的經理都習慣待在他們布置得舒適華麗的辦公室裡，躺在舒適的椅背上指手畫腳，把寶貴時間耗費在抽菸和閒聊上。偶爾聽聽彙報上來的情況，也是聽過即算；或者根本好長時間都不到下面的連鎖店去調查情況，下面不彙報時也從不過問。作為領導者，這樣肯定會滋長下面員工的惰性！」

於是，克洛克想出一個「奇招」，他大喊一聲：「來人！」

外間祕書跑進一問：「什麼事，克洛克先生？」

克洛克吩咐：「去，給我拿把鋸子來，快點！」

祕書趕緊跑出去找鋸子，並很快給他拿來了，說：「需要我幫忙嗎？」

克洛克接過鋸子，「不用。我自己來！」說著，他伏下頭去，把自己那張椅子上厚厚的靠背鋸了下來。

祕書驚得目瞪口呆，連忙說：「克洛克先生，你這是……」

克洛克並不答話，他走出自己的辦公室，就直奔離他最近的一個部門經理的辦公室。

推開門，克洛克就聽了優美舒緩的音樂聲。他再一看，那位經理正坐在椅子裡，背靠著靠墊，舒服地瞇著眼睛欣賞音樂，一邊搖頭晃腦地陶醉著，一邊用手在辦公桌上隨著音樂的節拍「篤篤」地敲著。

克洛克走到那位經理跟前了，大喝一聲：「站起來！」

那位經理被這一聲怒喝嚇得一激靈，睜開眼看到面色鐵青、手持利鋸的克洛克，更是嚇得不知所措：「您，克洛克先生，我正……所以不知道您進來……您想……」

克洛克也不答話，他抓過那把椅子，「哼哧、哼哧」地鋸起椅子背來。

那位經理以為克洛克被昨天的會氣得發瘋了，駭然道：「克洛克先生，您怎麼了？要不要我找醫生來？」

克洛克一直不搭理他，直至把椅子靠背鋸掉，這才拎在手中往外走。走到門口，他又回過頭來對呆若木雞的經理說：「別把這椅子換掉，你以後就坐著它辦公！而且，從現在開始，公

司裡所有員工的椅子都會變成這樣！」

那位經理瞪著驚恐的眼睛看著一手拿鋸、一手拎著椅背的克洛克揚長而去。

克洛克回到辦公室，把鋸子放到桌子上，坐在自己那張沒有了靠背的椅子上試了試，然後向祕書下達命令：「你去通知所有部門：從現在開始，公司所有員工的椅子靠背都必須鋸掉，而且必須立即執行。我從明天開始檢查！」

接到這個通知之後，很多人都不知克洛克葫蘆裡賣的什麼藥。有人甚至在背後悄悄議論：「董事長是不是腦子有毛病了？或者是昨天開會氣糊塗了？」「是啊，而且他年紀也這麼大了。」「聽說他從年輕時就時時犯一些神經質呢！」

克洛克第二天果然認真檢查起大家的椅子來。發現所有的椅子背都按照他這個「瘋狂」的命令被鋸掉了，他很滿意，然後召集所有的部門經理再次開會。

摸不著頭腦的經理們都聚集到一起了。克洛克面對大家，嚴肅地說：「我鋸掉了大家的椅子靠背，大家可能都無法理解，甚至有人認為我老糊塗了。但是你們看看，我好好地在這兒跟大家說話，沒有一點發瘋的跡象吧？我想說的是，我沒有頭腦發熱。我看，倒是你們當中有一大部分人已經早就昏了頭，完全忘記了我們麥當勞最初創業的艱辛。」

聽到這裡，有的人似乎有些理解克洛克的舉動了，他們的

眼光變得莊重、肅穆起來。

克洛克向大家看了一眼，停頓了一下又繼續說：「大家不要怪我話說得重了。我多年來一直強調，麥當勞需要具有強烈進取精神的人，全力以赴獻身事業的人。確實，麥當勞這幾年是取得了很大的成功，但是我要說，這還僅僅是一個開始，有了良好的開端當然值得慶幸，但是我們絕不能掉以輕心。與其躺在那裡耗費時光，不如多出去走動走動，深入基層，了解更多的知識與訊息。在商場上，競爭是你死我活的，一不留神，一丁點兒的大意或者疏忽，就可能導致徹底的慘敗。如果誰只想著躺在舒服的椅子上賺錢過安逸日子，那就請他離開麥當勞，因為他不配做一名麥當勞的員工。」

人們靜靜地聽著，有的人看著神情激動的六十三歲的克洛克在台上痛心疾首陳訴，眼中已經閃出羞愧和痛苦的淚花。

克洛克回過身來，在身後的黑板上寫下了兩個公式：

企業成果 ＝ 原材料 × 設備 × 人力

人力 ＝ 能力 × 態度 × 人數

克洛克用手點指著黑板上的公式，對大家說：「你們當中有好多人是學過企業管理的，上面的兩個公式你們很容易就能看懂。而這兩個公式說明了制約企業發展的因素。人們都承認，現在麥當勞的原材料和設備已經相當完備了，那麼為什麼還會出現虧損問題呢？原因當然就出現在『人力』上。」

經理們聽著，深思著，默默點頭。

克洛克接著說：「那是什麼問題呢？ 人還是原來那些人，我相信能力和人數不但比從前沒有降低，可能還會有所提高。那是什麼原因，就是大家的態度問題。」有的人低下了頭。

克洛克敲敲黑板：「大家抬起頭來仔細看這兩個公式，不難發現，為什麼各因素之間用的不是加號而是乘號呢？ 這到底說明了什麼？」

所有人都皺緊了眉頭，看著克洛克。

克洛克看向弗雷德：「弗雷德，你能給大家解釋一下其中的原因嗎？」

弗雷德站起身來，朗聲答道：「這就說明，公式最終的結果，是各項因素互相作用產生的，它們與結果之間是成倍增減的關係。而如果其中有一個因素變為『0』的話，整個結果也就為『0』，其他因素再多也沒有用。」

克洛克大聲說道：「弗雷德說得對！ 就是因為大家的態度出了問題，才造成了我們上季虧損的結果。希望大家都好好反思一下，如果我們不再滿足於每天只是得到一些數據，而是要真正了解企業的情況，得到第一手的資料，使我們每一項因素都成為優秀的話，那麼結果不就會成倍地增加嗎？ 也就不會出現虧損的結果了！ 是不是？」

現在，公司所有人終於理解了克洛克的良苦用心，大家紛

紛走出辦公室，開展「走動管理」，及時到全國的各個連鎖店了解情況，現場解決問題，終於使公司扭虧轉盈。

公司上市哈里辭職

一九六四年，克洛克與妻子商量後，賣掉了在伍德蘭希爾斯的住房，搬到了貝弗利山莊的一所大房子。但是克洛克在那裡住的時間並不很多，他定期在洛杉磯和公司總部之間來回奔波，每次在洛杉磯住兩週，然後下週又到了芝加哥。

這時，克洛克不得不在公司總部發揮更加積極的作用，因為經營工作發展很快，也因為哈里已經脫離了辦公室的日常事務，全力研究使公司上市的辦法。

要使公司上市的原因，是為了給公司籌借資金，把利潤用於再投資，以便不讓公司的發展速度減慢。

於是，哈里整天與銀行家、經紀人和律師密談。克洛克則忙於設法使公司的管理結構分散。因為克洛克一貫認為，權威應盡可能地放在最低層，讓最接近餐館的人自己作出決定，而不是從公司總部尋求指示。

在這個問題上，哈里與克洛克的看法並不相同，他希望公司有較牢固的控制權，要有較高的權威。

而克洛克卻說：「我認為權威是和工作連在一起的。人們有可能會作出一些錯誤的決定，但那是你鼓勵公司裡有能力的人成

長的唯一辦法。坐在他們身上是會使他們窒息的，他們中最優秀的人就會到別處去。從我在莉莉紙杯公司與克拉克相處的經驗中，我對這一點看得很清楚。我認為，在公司的管理問題上，『少管就可以管得多』。從麥當勞的規模看，現在它是我所知道的一個最沒有各種管理層次的大公司。我認為，你在任何地方也找不到這樣一個比較愉快的、穩定的、工作努力的管理集體。」

哈里對克洛克的見解不置可否。

克洛克解決管理問題的辦法就是把全國分成若干個地區，一共有五個區。克洛克決定首先成立有十四個州的西海岸區。這是因為它是一個發展比較快的地區，也是在芝加哥管理最困難的一個區。

克洛克讓斯蒂夫・巴恩斯當了第一個地區的經理。

一九六五年，麥當勞股票終於上市了。

麥當勞剛上市的價格是每股二十二點五美元，而在出售股票的第一天結束時，每股漲到了三十美元，而且訂購數超過了發行數。這是一個巨大的成功！在第一個月結束時，價格漲到了每股五十美元。克洛克、哈里和瓊都變得富有了，而且達到了連做夢都沒有想到的富有程度。

哈里希望看到麥當勞的股票能和那些藍籌股票一起被列在大牌子上。紐約股票交易所有許多比較嚴格的規定：必須在一些地理區域內擁有許多股民，而且必須有一定數量的一百股以上的

股民。

克洛克和哈里一致認為，紐約的交易所股票是分類上市的，麥當勞在那裡應該占有一席之地。與他們打交道的那些人都是些有貴族派頭的人，這些人也說不清楚是否想同一個只賣十五美分漢堡的公司打交道，但麥當勞還是被接受了。

為了表示慶祝，哈里和他的新妻子阿洛伊斯，還有瓊和阿爾，全在紐約交易所的大廳裡吃漢堡。這個場面被報紙作了充分報導。這不僅是因為吃漢堡，而且也是因為阿洛伊斯和瓊是最早獲准在交易所大廳裡出現的婦女。

一九六六年七月，麥當勞的銷售額再次增加到兩億美元，在各個連鎖餐館大拱門上的數字改為「銷售量超過二十億個」。

接著，庫珀和格林又發出一批新聞稿，向廣大公眾說明了這件事的意義：

麥當勞公司已經賣出二十億個漢堡，如果一個接一個地擺在一起，這些漢堡可以繞地球五點四圈！

同時，麥當勞的第一個在屋裡有座位的餐館在阿拉巴馬州的亨茨維爾開張了。這標誌著麥當勞又前進了一大步。

克洛克得承認，是哈里的智慧和自己的果敢才使麥當勞度過所有危機，一步一步走到了今天。但是，隨著公司的發展，他們之間的矛盾卻越來越突出了。

　　哈里性格內向，他的身體一直不好，經常背痛，還有嚴重的糖尿病。而克洛克的性子卻很急，有什麼事都是雷厲風行。他們想問題的角度也因為性格的差異大不一樣。

　　在剛剛買下麥當勞的時候，克洛克制訂了一個廣告計劃。哈里對克洛克說：「雷，我們的公司剛剛成立，不可能拿出流動資金去做這個。」

　　克洛克卻一意孤行，不久就拿出一大筆錢用於為麥當勞做廣告。

　　哈里再次警告克洛克：「雷，你有沒有算過這筆帳？我們把這麼一大筆錢用於廣告，到底能收到多大的效果呢？能不能收回這些付出呢？那些不喜歡吃麥當勞的人，難道看了這些廣告就會回心轉意跑到我們店裡去嗎？這簡直是荒謬的！況且你不顧公司再起的財力，就武斷地拿出這麼多錢來讓它白白地打水漂，你會後悔的！」

　　克洛克不同意哈里說他武斷、欠缺考慮，他解釋說：「哈里，不管怎樣都必須投入這筆錢去做廣告。也許短時期內還看不出廣告的效果，但是，從長遠看它一定會收到功效的，我們不但能收回這些錢，而且還會多一些新朋友。如果一家有一個小朋友喜歡看我們的電視廣告，那他就會拉著他的父母來我們麥當勞，那我們的顧客就會大大增加。」

　　哈里最終沒有拗過克洛克，他們還是投入了這一大筆錢去

做廣告宣傳。後來證明，這些廣告就像麥當勞的金色拱門一樣漸漸地走進了人們心中。

不過，哈里從此就感覺克洛克在許多事情上都是任性和獨斷的，心裡漸漸地產生了隔離。後來，公司內部的領導層人員也漸漸分成了克洛克派和哈里派。這種狀況因哈里和克洛克在任命公司執行副總裁的問題時而變得更加嚴重。

由於弗雷德的精明能幹，克洛克下令由弗雷德擔任執行副總裁，協助哈里工作。哈里卻提出一個與之相對的條件：讓皮特·克羅也當執行副總裁。這是一種令人麻木的局面。但克洛克考慮到以大局為重，他必須泰然處之。

迪克·博伊蘭是負責預算和會計部門的執行副總裁；皮特·克羅是負責發展新餐館（其中包括房地產、建築和發放許可證部門）的領導人；弗雷德則負責零售部門的工作，其中包括經營、廣告、市場發展和設備採購工作。

後來，弗雷德又從皮特那裡接管了發放許可證的工作。

職員們把這種三巨頭的格局稱為「三駕馬車」，這三個執行總裁被認為具有同等權力。然而，哈里自己掌握著財權，而除博伊蘭外，這種狀況實際使其他人有職無權。

後來，克洛克派和哈里派不斷有新的職員加入進來，他們各自有著自己的主張，每遇到大事，往往商量不到一塊去，雙方誰都無法說服另一方，公司變得越來越混亂。

不過，考慮到哈里以他出眾的才能，往往在關鍵時刻挽救了公司的危機，從某種程度上說，沒有哈里也就沒有麥當勞的今天，所以克洛克一直表現得很寬容。而且他從另一方面考慮，公司裡人員眾多，有不同意見也未嘗不是一件好事，大家討論過後，總會得出一方是正確的。

但越到後來，哈里指揮公司在向著完全不同於克洛克所希望的方向發展。從壓縮人員到在拆除新餐館門前的大拱門等各個方面都存在這個問題。

克洛克已經批准把那些拱門拆掉，但哈里一看到這個計劃就說：「再把那些拱門豎起來！」

克洛克與哈里之間最重要的矛盾是他在房地產開發方面變得越來越保守。最後，他竟下令暫停各個新餐館工程的建設。

這天，已經當上了麥當勞一個區域經理的路易吉找到克洛克，遞給他一份報告。他說：「克洛克先生，我該怎麼辦？我在您選定的三十三處搞了建設。它們的地點都很好，但現在哈里先生卻下令暫停工程。我們不能丟了它們。我該怎麼做呢？」

克洛克想了想說：「路易吉，給他們講得含糊點，拖住他們。我要到芝加哥去一趟，看能做些什麼。」

第二天上午，克洛克就到了拉塞爾大道的辦公室等待哈里。

哈里一走進去，克洛克就把路易吉的報告遞給了哈里，並問道：「哈里，我想知道為什麼你下這樣的命令。公司要向前發

展，你卻要下令停止這些建設。而且事先你並沒有跟我商量。」

哈里有把握地看著克洛克說：「雷，你不懂，我早就聽我那些銀行家和政府財政部門的朋友說過。他們說，國家在一九六七年將出現經濟衰退，人們口袋裡沒有多餘的錢了，也就不會再到外面吃飯了。麥當勞現在應該保存現金，停止建新餐館，好安全度過這次經濟危機。」

他們就此發生了激烈的辯論。

克洛克說：「哈里，你這種想法，不客氣地說，是鼠目寸光！那些消息都有確實的證據嗎？如果僅聽信這些捕風捉影的訊息就停止我們的發展，那不是笑話嗎？況且麥當勞現在這麼受顧客的歡迎，發展勢頭正起勁。就算退一步說，經濟危機真的到了，也不會動搖我們的根基的。」

哈里卻說：「那些人都是我的朋友，怎麼可能對我說一些空穴來風的事？你忘了之前他們曾多次給予我們幫助，我們才能起死回生。」

克洛克搖了搖頭，說：「哈里，一碼歸一碼。我們就事論事，路易吉那三十三處新店址都在繁華地段，位置選得特別好，但是那裡卻還沒有一家好的速食店。我們都已經仔細地考察過了，要占領這個空白點，在那裡開設連鎖店，投入一些錢，做一些廣告宣傳，就可以。」

哈里卻不願再聽克洛克繼續囉唆下去了，他大聲打斷了克

洛克：「別再說了！你的理論總是一套一套的，一直都是你說得對，我的話你從來都聽不進去！」

克洛克嚇了一跳，哈里平時不愛說話，遇到事情總是一聲不吭，他還從來沒見過哈里這樣高聲叫嚷，而且竟然這樣評價自己。

可是，哈里的火還沒有發完，又說：「雷蒙德‧克洛克，你聽著，我早就受夠你了！我跟著你辛辛苦苦多少年了，你想過沒有？可是你呢，你一直像一個國王一樣獨斷專行！別人的話你從來都不聽，我的意見你一直都當作是些丟進廢紙簍裡的擦鼻涕紙！」

哈里已經近乎於咆哮了。

克洛克還想勸哈里安靜一下。可他還沒來得及張嘴，哈里就一把扯下了自己的領帶，氣憤地直衝著克洛克的臉叫道：「夠了！克洛克先生，現在我可以告訴你，你想怎麼幹就怎麼幹吧！我再也干涉不著你了，我不會再跟著你這樣一位國王瞎鬧一通了！從今天起，我——辭——職——了！」

說完，哈里不再看克洛克，頭也不回地走了。

克洛克呆立了許久，腦子裡一片混亂，他滿心煩惱地回到加利福尼亞。

克洛克感到需要法律顧問，於是，他打電話給芝加哥索南夏因‧卡林‧納思及羅森塔爾公司的唐‧盧賓，讓他出來和哈里談

一談。盧賓曾為克洛克處理過個人的法律事務，他的公司在麥當勞創辦初期也代理過麥當勞的一些事務。

盧賓建議克洛克還是要與哈里修好：「要知道哈里與金融界的關係密切，這個關鍵人物的突然辭職幾乎肯定會損害麥當勞的利益。」

克洛克就委託盧賓去和哈里談，設法動員他留下來，並對盧賓說：「我希望你的公司開始代理麥當勞的法律事務，而且希望你參加我們的董事會。」

最終，哈里同意繼續留下來，但他在阿拉巴馬州住的時間仍然比在芝加哥長。克洛克認為他只是憑想像在管理公司。兩個人之間的裂痕已經變成了鴻溝。

哈里的身體狀況越來越壞了。最後，克洛克為他的健康考慮，同意哈里辭職。根據僱用協議，哈里每年可以得到十萬美元。哈里手中掌握著麥當勞的相當一部分股票，他很肯定地認為，他離開公司後把手中的股票全賣掉，公司狀況就會急轉直下。

克洛克自己擔任著總裁兼董事長，於是撤銷了暫停建新餐館的禁令，在審查公司房地產情況時，他發現了已經買下來的供將來發展的各種地點。當克洛克得知這些地點是在等待經濟狀況改善時，他勃然大怒：「真是無知，情況不好時正是人們要搞建築的時候！為什麼要等到情況好轉，一切都花費更多呢？如果

一個地點因為好而買下，那麼我們就希望立即在那裡建餐館，並在出現競爭前就建好。在一個城裡投入一些錢，開展一些活動，人們會記住他們的。」

克洛克還要解決公司內部的士氣問題。許多糾紛隨著哈里的離開而得到解決。一個高層管理人員說：「好哇，我們現在又回到漢堡業務上來了！」

一九六七年，克洛克決定麥當勞進行全國性的廣告宣傳和推銷活動，他說：「我看著麥當勞發展成了全國性的機構。美國是唯一能使麥當勞做到這一點的國家。我真誠地願與其他人一起共享我的財富。」

這個活動計劃是保羅‧施拉格制訂的，他在芝加哥的達西廣告公司工作。弗雷德在組建了可以讓麥當勞在全國做電視廣告的全國經營者廣告基金會後，僱用保羅負責麥當勞的廣告和促銷部。

克洛克很喜歡保羅的辦法，因為他在自己的工作領域內是一個「很細緻的人」，又很關心麥當勞的形象。保羅已經透過大量的研究，創造出了「麥當勞叔叔」的外形和個性特徵，甚至連衣服顏色和頭髮都是精心考慮過的。

孩子們都很喜歡他，甚至連《紳士》雜誌的知識界人士也喜歡他。他們把「麥當勞叔叔」作為一九六〇年代的最大新聞人物請去參加他們舉辦的「時代晚會」。他們邀請麥當勞負責這個晚

會是因為「麥當勞在一九六〇年代對美國人的飲食習慣產生了最大的影響」。

果斷提拔弗雷德繼任

一九六六年，由於哈里的離開，也有一些優秀的「哈里派」人才隨之辭職了。公司內部也有好多人對公司的前途表示擔憂，一時間人心動盪。

克洛克感到了巨大的壓力。他失去的不僅僅是一個生意上的夥伴，更是許多多年共同奮鬥的朋友。

克洛克那一段時間身心俱疲，他感覺精力也大不如從前了。有一天，他對著鏡子看著對面的自己：那已經是一個雙鬢斑白的老人了！只是他那一雙眼睛仍舊閃著堅毅而頑強的光芒。

克洛克自言自語說：「現在，確實需要有一個更年輕、更有魄力的人來幫幫我，重新支撐起麥當勞的天空。」

想到年輕人，克洛克最看重的是弗雷德，而他最擔心的人也是弗雷德。弗雷德一直對自己在「三駕馬車」中的作用感到極不愉快，這從他的表情中可以看得出來。

克洛克早就對弗雷德許過願，答應給他最高的職位。因此，在正式宣布哈里辭職的事以前，就把弗雷德請到餐廳吃晚飯。

吃飯的時候，克洛克對弗雷德說：「弗雷德，我知道你近來不愉快，我知道你在工作中感到失意。但我想告訴你一些完全可靠的情況，哈里已經辭職。我將接替他的位置，準備做些修補和調整的工作。這需要一年的時間。一年後，我將讓你出任麥當勞的總裁。」

克洛克希望看到弗雷德對此表示滿意的表情。

但是，弗雷德卻臉色陰沉，眼中充滿怒氣。接著他用拳頭猛擊桌子，上面的銀器亂跳，周圍的客人驚恐地看著他。

弗雷德氣憤地問道：「如果你知道公司內部已經存在的嚴峻情況，你為何不早想辦法來解決它？」

克洛克就像面對著自己不太聽話的孩子一樣，對弗雷德說：「你冷靜一點，有一天你會自己想通這件事的。」

弗雷德一會兒就恢復了常態，他說：「我對解決哈里的問題和對給我當總裁的許諾同樣感到高興。」

克洛克終於鬆了一口氣。

哈里辭職後有幾個執行總裁離開了公司。克洛克一直擔心這會在金融界產生對麥當勞公司的信任危機，但幸好這一切並沒有發生。

迪克·博伊蘭接替了哈里，繼續為公司同銀行家和金融分析家打交道，因為他過去就一直與這些人打過交道。哈里過去是提

出設想，然後讓迪克去做具體工作。因此，麥當勞在這方面沒有遇到什麼問題。

辦公室裡一些愛傳小道消息的人把迪克歸在哈里派，並認為不是在哈里離開公司後，就是在他當不上總裁時也會辭職。

但克洛克知道事情不會像他們想像的那樣，而且他也絕不會任命一個在經營方面沒有雄厚基礎的人當麥當勞的總裁。於是，克洛克把首席財政官的職位給了迪克，而迪克也確實幹出了成績。

一九六八年年初，克洛克感覺不能再猶豫了，在一切就緒的情況下，任命了弗雷德·特納為公司的執行總裁兼總經理，接替哈里原來的職務。

弗雷德雖然是臨危受命，但在接受任命時卻一步也沒有停頓。作為總經理和執行總裁，他努力地實現克洛克開始的計劃，並在執行中加上了一些他自己的重要特點。

弗雷德的魄力和做法與當年的克洛克十分相似，他大刀闊斧，銳意改革，不到一年就把公司整頓成了一個團結、能幹的集體；全國各地規劃的新店都開始建設，積極開拓海外市場，銷售額更上一層樓……

克洛克驚喜地發現，在弗雷德的領導下，公司不但沒有在哈里走了之後繼續低落下去，反而更有了一種新的勃勃生機！

克洛克沒有兒子，但從某種意義上說，他把年輕的弗雷德

看作假想中的兒子，而且弗雷德具有克洛克所希望的追求事業的慾望和才能。因此，克洛克經常欣慰地說：「我事實上有一個兒子，他的名字叫弗雷德·特納。」

弗雷德從來沒有讓克洛克失望過。接下來的五年中，公司的迅速發展應歸功於弗雷德的計劃和智慧，歸功於埃德·斯密特和弗雷德總裁團隊裡其他人的努力。

作為一個開拓者，弗雷德努力為麥當勞重新占領了加拿大市場。哈里在離開公司前不久做成一筆交易，把加拿大西部的絕大部分專營權給了一個叫喬治·蒂德博爾的人，安大略地區的專營權給了喬治·科杭。科杭曾是芝加哥的一個律師，是一個想得到麥當勞的許可證的客戶介紹給克洛克的。

科杭到加州來找克洛克談那個客戶的事情，克洛克對他印象很好。在一番交談之後，克洛克對他說：「孩子，我可以給你的最好的建議是離開法律界，到麥當勞公司來。我認為你具備了應有的條件。」

結果，科杭的客戶沒有加入麥當勞，而他卻加入了。弗雷德也很看重科杭，但他並不想讓科杭得到整個安大略地區。弗雷德認為加拿大市場與美國市場差不多，但競爭遠不如美國市場。因此，他準備把那個廣大地區的專營權買回來。

這真是一個大膽的行動！弗雷德堅信加拿大的市場潛力，沒有讓一些可能產生的困難來減緩這一計劃的實施。

克洛克想：「這才是我的兒子！」他終於放心了，現在把大部分權力都交給了弗雷德，自己終於可以喘口氣，去美麗的夏威夷海灘晒晒太陽了。

關心社會關心人類

一九六八年，弗雷德出任麥當勞公司執行總裁和總經理後，克洛克渴望能減少一些公司的日常事務，他說：「我希望少想一點商業上的事，也許一天只想十八個小時，而不是二十四小時。我希望能有多一點時間勾畫麥當勞未來的藍圖。」

經過弗雷德五年的勵精圖治，麥當勞已經面貌一新了。

一九七〇年，麥當勞正式向海外市場進軍。

一九七一年，麥當勞進軍日本市場，大獲成功。

一九七三年，克洛克允許瓊退休了。雖然他很捨不得，因為瓊也是像哈里一樣為麥當勞付出了巨大努力的，她是那樣熱愛麥當勞。還好，瓊擁有與哈里原來一樣多的股份，她退休後仍然作為麥當勞的名譽董事，而且非常富有。這也讓克洛克心裡好受一些。

同一年，克洛克的愛女瑪麗琳因患糖尿病去世。克洛克陷入巨大的悲傷之中。但是，他強忍這一切，默默哀悼愛女。

就在處理完這些，克洛克想鬆一口氣的時候，麥當勞卻又

出現了新的不利情況。克洛克嘆道：「看來我這把老骨頭想放鬆一下都不行啊！」

這種情況來自於謠言，而謠言的製造者是那些最早的一批經營者。原來，他們當初簽下的二十年的合約就要到期了，所以他們在最後時間也不再苦心經營，對顧客態度很惡劣，損壞了麥當勞的聲譽。

克洛克和弗雷德知道後，已經多次對他們提出批評，他們就認為不可能拿到新的經營許可證，於是就開始在公司內部和老百姓中間造謠生事，設法奪得公司。

他們為了造聲勢，還成立了一個所謂的「麥當勞經營者協會」，印發了大量傳單在經營者中間散發。並且經常在新聞媒體上露面，公開說：「麥當勞公司現在已經變質了，貪汙和腐敗已無法扼制。克洛克那個老頭想把麥當勞公司變成他的私有財產。如果你不反擊，在你的專營證過期時，你就會被一腳踢開，餐館將由克洛克來接管。」

這些謠言的作用的確不可小覷，一時間經營者們人心惶惶，大家開始感到前途黯淡。由於心裡沒底，就不時打電話向公司總部詢問這方面的事，他們不斷要求克洛克保證：公司無意把他們的餐館買回來。

克洛克與弗雷德商量：「弗雷德，這樣下去就壞事了，現在必須把這股陰風驅散！」

弗雷德果斷地說：「那就開一個麥當勞所有連鎖店的經營者大會，我們在會上講清楚我們的意思。」

克洛克也同意：「好的，到時你來跟大家說！」

大會很快就召開了，弗雷德在會上駁斥了近期甚囂塵上的謠言，他站在台前，發表了慷慨激昂的演講：

多年來，克洛克先生一直跟大家強調，我們每個人的命運是連在一起的。既然是連鎖店，那我們的宗旨就是互利互惠。公司絕不會愚蠢到把一個符合我們品質、服務和清潔標準，在社區裡建了麥當勞餐館，與社區建立了良好關係，並在僱員中確立了一種堅強精神的經營者趕出公司的。

所以公司絕不會丟下大家不管。如果大家靜下心來好好考慮一下其中的利害關係，就不難發現，現在這些攻擊麥當勞的人都是別有用心的！這些有惡毒用心的人才是想攪亂人心、趁機奪得公司的人。

弗雷德充分發揮了出色的口才，他把事實講得清清楚楚，態度誠懇而明確，打消了大部分經營者的顧慮。

雖然這個所謂的「麥當勞經營者協會」的成員名單是保密的，但克洛克當然還是可以很容易就了解到它的會員都有哪些經營者。

弗雷德曾建議：「我們不妨使用密探和製造陰謀的手段去打入這個協會。」

克洛克卻說：「謠言止於智者，我們要做的是等著他們的影響自動滅亡。好的經營者最終會討厭這種協會的消極態度的，他們會認識到，儘管公司發展得越來越大，而且從必要性上看，也已經越來越非個人化，但公司的基本哲學和價值不會改變。」

果然，後來，這個「麥當勞經營者協會」的影響越來越小了，到了最後，也就徹底消失了。

內部的問題解決了，但不久以後，麥當勞的一些競爭對手卻又散布了一些對麥當勞的生意產生消極影響的言論。這也是「樹大招風」的必然規律。

這些言論總結起來就是：麥當勞的薯條、牛肉餅用的油裡膽固醇過高，對健康有害，還會導致過度的肥胖；麥當勞的包裝用的塑膠盒子、袋子等對生態環境有害，不符合環保，為了綠色事業，大家不要再光顧麥當勞……

弗雷德的火又壓不住了，他找到克洛克，生氣地拍著桌子罵道：「總有些傢伙害怕我們的成功！他們總是能找出藉口來攻擊我們！」

克洛克耐心地勸弗雷德：「弗雷德，不要只顧著生氣。他們指出這些，我們從另一方面來看，換一個角度也未必是壞事！」

弗雷德疑惑地看著克洛克。

克洛克接著說：「我們不能只是對這些指責抱怨，我們既然不能去堵他們的嘴巴，那就要從我們自身來想解決的辦法，我們

是不是真的存在這些問題呢？」

克洛克又說：「如果是的話，就應該馬上改正。然後用事實證據來攻破它。而且，我們的宗旨是永遠為人類謀福利，不能做一點對顧客不利的事！這些還有利於我們改進呢！是不是好事？」

弗雷德理解了。他馬上帶著實驗室的工作人員仔細地研究了產品，並不斷改進，把食品中的膽固醇和脂肪含量再降低一個檔次；盡量用紙袋和紙盒來包裝產品，如果不得不用塑膠袋或塑料盒子，也選擇一些可以再生利用的塑料製品，符合環保的要求，減少對環境的汙染。

克洛克就是這樣把對手的指責當成促進產品改良的參照，把自身的缺點都一一地改正過來，讓競爭對手再也找不出攻擊的藉口。克洛克就是這樣做的。

壞事真的變成了好事，顧客們對麥當勞的誠懇和務實很滿意，他們都說到麥當勞用餐最放心。

克洛克說：「麥當勞的宗旨就是永遠為人類謀福利。」他是這樣說的，也是這樣做的。

有一次，麥當勞在萊辛頓大道選中了一個新店址，房子也建起來了，準備開張。

但是不久，公司就接到了當地許多居民寄來的抗議信，他們說：「我們不願意麥當勞把餐館開在這裡，因為麥當勞的風格

跟我們這裡很不搭配！」

　　克洛克知道這件事後，嚴肅地對弗雷德說：「既然那裡的居民這麼不歡迎我們，那我們就放棄那個地方吧！雖然這會讓我們損失不小，但是，我們要對顧客負責，對老百姓負責。我們不能在人們不歡迎我們的地方建餐館，這是一種經營的道德！」

　　於是，麥當勞撤出了在萊辛頓即將開張的連鎖餐館。

　　克洛克決定再另選地址。克洛克最喜歡去察看公司選中的每一塊新地產，他說：「為麥當勞找到一塊地方是我能想像的範圍內一件最具創造性的事情。想想看吧，那裡沒有任何東西，無論什麼人生產東西。而我在那塊地上建房子，經營者在裡面做生意，雇上五十人或一百人，於是又為垃圾工、園林工、賣肉、賣麵包、賣馬鈴薯的人帶來了新的生意。這些都是那塊光禿禿的土地帶來的大約一年一百萬美元的生意。我要說，我對看到發生的這一切感到無比的滿足。」

　　一九七四年《幸福》雜誌研究公司出版了一份七十五頁的分析報告，預測了麥當勞至一九七九年的發展情況。這份報告相當清楚地描述了公司的財政情況和克洛克所預見的房地產發展狀況：

　　麥當勞成功的基礎是，它在一種清潔、愉快的氣氛中，用快速、有效辦法提供了一種價格低，但注重價值的產品。雖然這家公司的食譜上東西並不多，但它卻包含了在北美洲被人們廣泛

接受的食品。正是因為這些，人們對這些產品的需求不像其他餐館的食品那樣對經濟的波動那樣敏感。

在一九七〇年代以前，麥當勞一直只在郊區發展。然而，過了一段時間，它花了許多錢做全國性廣告，從而引起了對它的產品的潛在的全國性需求。因此，為這家公司實現多樣化和加強發展計劃的舞台已經搭好了。

現在，在市區、購物中心，甚至大學的校園裡有一百多個麥當勞餐館；它們中的絕大部分都經營得很好。還計劃建許多這樣的餐館。

我們堅信，麥當勞幾乎可以在居住人口集中、流動人口集中的任何地方建餐館，只要資金周轉率能達到公司的目標。這種見縫插針式的發展方式和現有的正常發展結合在一起，使我們可以預測出，這個世界性的大公司每年將平均新增四百八十五個餐館。

克洛克看到這份報告後，滿意地說：「見縫插針式的發展，太對了。全國有數不清的犄角旮旯，都可以成為建餐館的地方。我們計劃向這些地方發展。」

一九七四年，克洛克在應邀為達特茅斯商學院演講的時候，他談起這個話題，心情激動地說：

一個企業的成功，不能只想著自己能賺多少錢，而把人們拋下不管。一個成功的企業，一定是對社會、對國家、對人類都

能作出貢獻的。總之，麥當勞永遠為人類謀福利！ 麥當勞永遠
不會做對人類有害的事！

完滿的人生

　　世上任何東西都不能代替恆心。「才華」不能：才華橫溢卻一事無成的人並不少見。「天才」不能：是天才卻得不到賞識者屢見不鮮。「教育」不能：受過教育而沒有飯碗的人並不難找。只有恆心加上決心才是萬能的。——克洛克

與喬妮終成眷屬

從一九五五年創立麥當勞連鎖公司以來，克洛克一直全身力撲在事業上。艾瑟爾是一個喜歡過寧靜生活的人，她與克洛克在一起生活，經過太多的磨難，受過太多的驚嚇，她一直很失望。

艾瑟爾只是象徵性地出席一下每年的麥當勞公司員工和家屬的聯歡會，夫妻之間一直平平淡淡的。

一九六一年與喬妮相遇後，克洛克感覺與艾瑟爾的裂痕越來越大，最終決定與艾瑟爾離婚，但後來喬妮由於家庭的阻力並沒有答應克洛克。

雖然一九六三年與簡‧多賓斯‧格林結了婚，但在很長一段時間裡，克洛克都沒有感受到家庭的幸福。

簡是克洛克的一個朋友介紹給他的，當時克洛克正由於喬妮與他分手而陷入痛苦之中，公司內外的朋友為此非常著急，於是想辦法為他解決單身的問題。

簡有著甜美的體態，她很可愛，像是多麗絲‧戴的縮影。她與喬妮完全不同：喬妮是個強人，永遠知道自己在想什麼；而簡完全是服從型的：如果天空是晴朗的，克洛克說似乎要下雨了，簡立刻就會表示同意。

克洛克也很中意簡，他們見面後的第二個晚上在一起吃

飯，然後第三天、第四天⋯⋯克洛克完全被簡迷住了，不到兩週，他們就舉行了婚禮。

喬妮知道這件事以後，有一天她打電話給克洛克，說了一些寒暄的話之後，喬妮問克洛克：「雷，你幸福嗎？」

克洛克當時就呆住了，過了好一會他才回答：「幸福，當然幸福！」然後猛地把話筒放下了。

一九六八年，西部地區的經營者計劃在聖地牙哥召開年會，並邀請克洛克去講話。

克洛克跟簡在一起日子過得太平靜了，他想：「好吧，坐著晒太陽的事以後再說吧！」

對麥當勞來說，這是非常激動人心的一段時間：有了弗雷德這個新總裁在掌舵，食譜上又增加了很有前途的「巨無霸大麥克」和「熱蘋果派」，餐館建築有了新的風格，員工有了新式的工作服，在埃爾克格羅夫有了美麗的新校園的漢堡大學已經開學。

不甘平靜的克洛克想道：「好極了，對我來說，沒有什麼比與一幫經營者們交往，在一起談餐館的事更有趣的了。」

但是，在提前登記的名單上有一對夫婦使克洛克特別感興趣，那就是來自南達科他州溫納皮格及拉皮德市的羅利·羅蘭德和喬妮·史密斯。

　　平靜的日子再次掀起了波瀾。

　　克洛克興致勃勃地趕到聖地牙哥西部經營者大會，再次見到了喬妮。他們已經有五年沒有見過面了。

　　克洛克本來以為自己已經忘記喬妮了，但是這時他才明白：原來，愛，是不會這樣輕易就忘記的。

　　喬妮依舊是那麼漂亮迷人，她的舉止言談依舊是那麼得體，她的眼神依舊是那麼富有神采。

　　而在喬妮眼中，克洛克一直是位性格堅強、有魅力、有膽識的人，她從五年前就感嘆命運之神在冥冥之中捉弄了她，讓她認識克洛克太晚了。現在再次見到克洛克，她感到自己幾乎都不能呼吸了。

　　五年的分別非但沒有讓這份感情變淡，反而使他們更加彼此認定對方是自己這一生中所要尋找的那個人了。

　　克洛克在旅館的房間裡有一架大鋼琴、一個壁爐和一個酒吧。克洛克讓洛杉磯辦事處的步卡爾‧埃里克森開著自己的新羅斯羅伊斯車把自己送來，準備在房間裡開晚會。

　　在大會的第一個晚上，克洛克去參加一個小型晚宴，喬妮和她的母親以及丈夫羅利‧羅蘭德也在那裡。這時，喬妮坐到了克洛克旁邊。

　　克洛克卻鬼使神差地對身邊的羅利說：「羅利，你坐到另外

一桌去。」

在場的每個人都在偷偷地笑，他們以為克洛克在開玩笑。但是，喬妮心裡明白克洛克的意思。

克洛克講完話後，每個人都從桌旁站起來，準備離開。這時克洛克心裡說：「啊，別結束，我的上帝！」

於是克洛克情不自禁地說：「請慢，各位。我們都到我的房間去，彈會兒鋼琴，喝點酒。」

大家全都過來了，也包括喬妮和羅利。儘管大家都高興得又唱又笑，但羅利沒待一會兒就走了。

喬妮對羅利說：「你先走吧，羅利，我準備再待會兒。」

幾個小時後，除卡爾外，就剩下克洛克和喬妮了。

卡爾在屋裡漫不經心地打掃衛生，看上去很不自在。於是克洛克讓他在附近隨便走走，卡爾轉身走了。

喬妮和克洛克不停地說話，而克洛克已沒有了時間感。兩個人都不再忍受相思的痛苦了。

克洛克對喬妮說：「我知道你的丈夫會發瘋的，但我管不了這些了。」

喬妮也告訴克洛克：「雷，我現在就準備離婚，也不管我的家庭會說什麼了。我決定要同你結婚，也不管會有什麼風言風語了。」

克洛克高興得跳了起來：「太好了！」

喬妮凌晨四點左右離開後，卡爾躺在沙發上發出像鋸木頭一樣的鼾聲。而這時，克洛克還像一隻失去控制的球在那裡旋轉。接著，他這才想起明天早晨還要在大會上講話的事，趕緊走進洗澡間對著鏡子看。哎喲！ 這個形象可不行！ 於是他點了一些洗眼劑，喝了點蘇打水。然後，又點了洗眼劑，接著又吃了阿司匹林。他已經想不起在會上要說什麼了。

上午，會議開始了幾小時後，克洛克從講台上看著會場裡眾多的經營者，仍然不知道自己該說點什麼。他滿腦子裡想的全是喬妮和自己盡快在拉斯維加斯見面，然後他們分別離婚。

克洛克不知道那天上午說了些什麼話，但事後好些人竟然對他說：「克洛克先生，您那天的講話是一次最鼓舞人的講話！」

克洛克回到家後，簡和他商量：「雷，我打算讓你陪我乘世界遊艇出國旅遊。」

而這之前，喬妮就與克洛克商量好，讓他和她出去旅遊，然後在外面的三個月裡再慢慢地把這個消息告訴簡。

克洛克太喜歡喬妮了，他一想到這樣長時間地離開喬妮，就越覺得那是無法忍受的。最後，克洛克乾脆說：「大家都不去旅遊了。」

克洛克非常不想傷害簡，但他又必須立刻離婚。所以克洛克在離婚時承諾：要使簡在經濟上有保證，讓簡仍然住在他們在

貝弗利山莊的寓所裡。

喬妮這時也辦好了離婚。那接下來就是選擇結婚的地點了！

一九六五年時，克洛克在南加州買了一座農場，目的是想把它變成麥當勞舉辦座談會的中心和在那年創辦的慈善基金會的總部。那是個極好的地方！

於是，克洛克在那裡建了座可以盡觀周圍美麗山色的大房間。

一九六九年三月八日，喬妮和克洛克在南加州農場山上的豪華別墅裡舉行了盛大的婚禮。

在美麗的湖光山色的映襯下，喬妮的笑容比春天最美麗的花朵還要燦爛，克洛克的心裡也比世界最勤勞的蜜蜂釀成的蜜還要甜。

婚後，在克洛克和喬妮的大房間裡，經常可以傳出優美的鋼琴和手風琴的二重奏。

克洛克終於感到自己是個圓滿的人了。有了喬妮的陪伴，他一下子顯得年輕了十多歲，生意場上的繁忙和勞碌，在喬妮的調劑下，似乎都變成了過眼雲煙。

這時，克洛克對自己說：「現在，可以讓生活輕鬆點，享享福了。苦心經營已經耗乾了我的精力。上帝真的是太仁慈了，他

把一切所能給予人類的最好的東西，都給了我一個人！」

喬妮細心地照顧著克洛克，當他因為多年來的風濕性關節炎感覺不舒服的時候，喬妮就讓他坐在輪椅上，她推著他在家的附近一邊散步，一邊欣賞那美麗的旖旎風光。

一九七〇年代的第三個春天來了，農場裡到處開滿了百合花，喬妮推著克洛克邊走邊聊著那過去的歲月，克洛克總會感慨：「我這些年來幾乎馬不停蹄地為事業奔波，甚至在工作之餘也找不到休閒的時間。現在不同了。」

喬妮跑到田野裡，採集了一大束鮮花做成一頂漂亮的花冠，戴在克洛克頭上，俏皮地說：「來，我為我們的麥當勞國王加冕！」

到了草莓收穫的季節，喬妮會帶著克洛克一起採集豐收的果實，把它們做成甜甜酸酸的草莓醬。

從此以後，喬妮一直陪伴在克洛克身邊，再也沒有分開過。克洛克真正享受到了家庭的幸福，他的生活變得前所未有的豐富多彩！

向世界拓展市場

一九六九年，克洛克與喬妮這對有情人終成眷屬。這時，麥當勞的事業穩步前進，弗雷德打理得很好，看來克洛克已經能夠放下心來與喬妮一起好好享受一下生活的樂趣了。

但是，克洛克的一顆心時刻關注著他心血凝成的麥當勞事業。他依然訂了大量的報紙，每天都關注著生意場上的情況。他彷彿是一個解甲歸田的將軍，還時時不忘擦拭著自己的長矛，時刻準備著聽到軍號的聲音，重回沙場，衝鋒陷陣。

麥當勞此時已經規模非常大了，在全國擁有幾千家連鎖店，還擁有一些繁華地段的房地產。

不過克洛克並不滿足，他經常說：「麥當勞要堅持奮力前進。世界上沒有任何東西能夠取代堅持，才幹不行，有才幹的人不能獲得成功的事屢見不鮮；天賦不行，沒有得到回報的天賦幾乎只能成為笑柄；教育不行，世界上到處都是受過教育卻被社會拋棄的人。只有堅持和決斷才是全能的。」

所以，企業在國內取得成功之後，都不免野心膨脹，把事業從國內轉向國外，克洛克也不例外。

一九七〇年，麥當勞決定向海外市場大舉進軍。這在世界速食連鎖的歷史上是前無古人的，沒有經驗可循。

早在一九六〇年代剛剛買下麥當勞所有權的時候，克洛克就在加拿大開始了早期市場的開拓嘗試。加拿大是美國的鄰居，人們的生活習慣與美國相差不大，所以，麥當勞很快就在加拿大受到了廣泛歡迎。

當時，美國的服務業到海外投資的情況不多，範圍也僅限於美洲境內。因此，在加拿大嘗試取得成功之後，麥當勞又在波

多黎各、哥斯大黎加這些美洲國家都相繼打開了市場。人們都很喜歡這種清潔方便又物美價廉的速食。

克洛克這時想做第一個吃螃蟹的人了，他設想：「可不可以把這種美洲人都能習慣的東西推廣到全世界呢？」

美洲與歐洲有著千絲萬縷的聯繫，好多美國人都是歐洲的移民，所以克洛克首先把目光瞄向了歐洲市場。

但令克洛克始料未及的是，麥當勞在歐洲發展的難度很大，因為歐洲國家一般都保留著悠久的歷史傳統，古老的文化使他們從祖先那裡繼承下一種貴族的習慣。這些國家的人，尤其是中產階級家庭，一直把到外面吃飯當成是一件隆重的事，每當到外面用餐，一定要穿上壓箱底的衣服，修飾化妝，衣冠楚楚地走進餐廳。

而且歐洲國家幾乎沒有像美國這樣隨處可見的速食店。那裡的餐廳中，必定有殷勤的侍者站立左右，像僕人一般聽話。餐廳的環境必定是華麗優雅的，印製精美的菜單上也都是標準的精心製作的傳統大菜，必定是盛在光潔的盤子裡，用精美的餐具文質彬彬地放進嘴裡。

因此，麥當勞準備輸出的不僅是漢堡一類的食品，而且是一種飲食文化，其難度可想而知。

麥當勞首戰出師不利，在德國、荷蘭等國家的拓展都遭到了失敗。

　　弗雷德把這些出師未捷的情況報告了克洛克：「克洛克先生，也許我們拓展歐洲市場的初衷是錯的。歐洲人似乎只喜歡穿得莊重整齊，到豪華的飯店去吃大餐，他們並不喜歡吃漢堡、薯條搭配起來的速食。」

　　克洛克皺著眉頭思索著，過後他對弗雷德說：「不會錯的，弗雷德，現在全世界人們的生活節奏都越來越快，歐洲人當然也不能例外，在歐洲開店一定不會錯！速食在那裡一定還是大有前途的。只是，現在我們要分析研究這些國家的市場和人群分布的情況。比如繞開家庭，針對我們麥當勞的特色客戶群進行研究。等我們做好了這些，那就重整旗鼓，必奏凱歌！」

　　弗雷德帶領麥當勞負責研究工作一班人馬開始仔細分析歐洲國家的特點。他們終於發現：這些國家公司裡的白領對速食有很大的需求，他們日常工作十分繁忙，生活節奏比常人快得多，他們一定會對麥當勞這種速食和服務方式產生興趣。

　　克洛克與弗雷德得到分析結果後，馬上調整了策略。他們把麥當勞連鎖店開到一些公司密集的地區，並且增加了速食配送的服務方式。在廣告宣傳中，也以「白領的貼身廚師」為口號。

　　這種新的策略立刻產生了可喜的效應，很快，在歐洲的新店銷售額直線上升。人們對麥當勞的服務也一致給予讚揚。麥當勞逐漸走進歐洲人的日常生活中。

　　歐洲市場打開了，更進一步激發了克洛克的野心，他下一

個目標投向了太平洋對岸的亞洲。

在亞洲這些國家裡，日本是經濟水準最高的，生活節奏快也是世界有名的。所以，克洛克在亞洲第一個選擇了日本。

一九七一年，日本麥當勞總裁藤田與克洛克初次相見，克洛克透過交談感到藤田是一個非常聰明而善於思考的傑出商人。

藤田當時向克洛克建議說：「針對日本的國情必須採取一種獨特的辦法。日本人既有一種自卑感，又有排外情緒。日本所有的東西都來自外國：文字來自中國，佛教由韓國傳來，而戰後從可口可樂到 IBM 都是來自美國。但是日本基本上是排外的，不喜歡中國人和韓國人，更不喜歡美國人。」

克洛克聽藤田分析得很有道理，就向他示意：「請說下去。」

藤田接著說：「由此我得出的結論是，在日本的麥當勞公司從老闆到員工，必須是百分之百的日本化，使麥當勞的食品從外包裝上也要採用日本本民族的特點和方式，看不出是進口的美國貨。如果堅持這是美國貨，顧客會因為對美國的牴觸情緒而不買此食品。」

克洛克聽過了藤田的精闢分析，同意了藤田的方案，與他簽訂了合作協議，美日雙方各出資一半。

藤田以富有戲劇性的行銷手段，展開宣傳攻勢，使麥當勞在一夜之間便名揚全日本。

　　一九七一年七月二十日，東京銀座區麥當勞餐廳如期開業，第一天營業額高達六千美元，打破麥當勞一天營業額的世界紀錄。

　　接著，第二家、第三家麥當勞餐廳相繼開張。在短短十八個月，藤田在日本神速地開辦了十九家麥當勞餐廳。麥當勞在日本一舉成功，成為日本最大的連鎖餐廳，年營業額達六億美元，超過了任何一個麥當勞在海外的連鎖機構。

　　克洛克在總結了日本的成功經驗後，便以一個與日本相同的模式在全球開發市場：在當地找一個優秀的合夥人，給予他相當股份和自主權，讓他自由發揮。

　　就這樣，一座座麥當勞餐廳如雨後春筍般在世界各國安家落戶了。一個個金色的「M」拱門標誌以飛快的速度出現在了世界各個國家的不同城市裡！他們在各自不同的國家，針對不同的市場文化，採用了不同的促銷手段，但卻使用著同一套標準的營運系統。

　　不同語言、不同種族、不同膚色的人們都認識了麥當勞，並且深深地愛上了它。

　　到了一九八〇年代初，麥當勞已在世界三十三個國家和地區建立了六千多家分店，僅一九八五年一年就發展海外分店五百九十七家，平均十五個小時就開一個店的速度使得它的競爭對手望塵莫及。

買下聖地牙哥教士隊

一九七二年，克洛克享受了三年的幸福家庭生活，同時看到麥當勞的快速發展，令他十分高興。然而，克洛克也感到越來越難以堅持下去了。因為多年來的風濕性關節炎已使他痛苦難言，大大損害了他的健康。

喬妮的細心照顧使克洛克重新恢復了活力。他們一起彈琴、唱歌、游泳、打球，克洛克彷彿一下子回到了自己童年的快樂時光，他的病痛也減輕了許多。

雖然疼痛仍然無時無刻地存在，但克洛克現在又喜歡到處走動了，也不顧喬妮提出的應在農場安頓下來的請求。他想做的事還很多，而坐在輪椅裡是無法做這些事的。

克洛克對喬妮說：「做生意不像是作畫，你無法畫上最後一筆，然後把它掛在牆上自己欣賞。我在麥當勞總部貼著條：『若非成功，不進則退。』別讓退步發生在我們或你們身上。弗雷德雖然在管理公司方面做得很好，這也是我預料之中的事，但是，他也有不少需要我給以關注的地方。」

不過克洛克這時關注的並不都是生意上的事，因為麥當勞已經後繼有人，弗雷德就像是自己的兒子一樣能幹。每週，弗雷德都會打來電話，與他商量公司的一些事務，但克洛克不用再像以往那樣為公司操勞。

其中的一件事，也是克洛克想圓自己少時的一個夢想：他想

擁有芝加哥幼狐隊。因為他從七歲起就一直支持這支棒球隊。現在，時機似乎成熟了，於是克洛克試著想提出買幼狐隊的要求。

一個晴朗的上午，克洛克正和喬妮在他們花園的葡萄架下談心，陽光溫柔地照在他們頭上，空氣裡瀰漫著水果的芳香和泥土的清新。

喬妮一邊給葡萄剪枝，一邊哼著快樂的曲子。克洛克則坐在安樂椅上讀一本棒球雜誌。

克洛克忽然抬起頭，鄭重地對喬妮說：「喬妮，我想和你商量一件事。」

喬妮回過頭，看著克洛克，見他說得非常嚴肅，於是放下手中的葡萄枝，走到克洛克身前：「親愛的，什麼事？」

克洛克說：「是這樣，喬妮。你看，世界是這樣充滿著生機，而我現在也一樣，我感覺骨子裡的熱情還遠遠沒有耗完，我還有的是精力。我想，我還可以做很多事情。」

喬妮笑著問：「你到底想說什麼？」

克洛克答道：「哦，我的意思是我想回一趟芝加哥，我想買下那支幼狐棒球隊。」

喬妮聽了一愣。她一直以為，克洛克年紀大了，這些年也太辛苦了，他需要在這裡安度晚年，而且自己也喜歡南加州農場的這個家。

不過喬妮很了解克洛克是一個什麼樣的人，於是她輕輕地說了一句：「雷，你想做什麼就去做吧，只要你已經想好了。」

克洛克一聽就高興了：「喬妮畢竟是與眾不同的喬妮，我說什麼你都支持我！」

克洛克馬上就行動起來，他飛到芝加哥，立刻派人向芝加哥幼狐隊的老闆菲爾・里格利進行洽談。

但菲爾卻託人捎話給克洛克說：「告訴克洛克先生，我知道他很有錢，如果說這個俱樂部要賣的話，他就是那種我願意賣給的人，他也完全有這個能力。但是，俱樂部不打算賣。所以我們沒有必要見面來談這件事情。」

這把克洛克氣瘋了：「里格利沒有想辦法提高球隊的水準，而又不放棄球隊讓別人來想辦法。真是白痴！」

既然人家不願意，克洛克也只有飛回了南加州的家裡。喬妮安慰他說：「你既然有心，那就關注一下，總會等到機會的！」

克洛克點點頭，只好暫時作罷。

一九七四年，喬妮到洛杉磯去看望女兒。克洛克獨自過了一段時間，很不適應喬妮不在身邊的日子，於是決定自己也當度假，去一趟洛杉磯。

在飛機上，克洛克買了一份報紙，打發旅途的無聊。這時，他突然讀到了一個標題：聖地牙哥教士隊將要出售！

　　克洛克很熟悉這支球隊：聖地牙哥教士隊是一支職業城市棒球隊，克洛克一直敬重球隊的總經理布澤·巴瓦西，他是一個正直而有能力的人，而球隊各方面的情況都不錯。不過，近期它的老闆阿恩霍特遇到了很大的財政危機，沒有辦法了，只好決定賣出這支球隊。

　　克洛克當即興奮地大叫起來：「太好了！終於等到了這個好機會！」如果不是座位的安全帶束縛了他，他可能真的會跳起來。

　　克洛克不由自言自語：「上帝，聖地牙哥是個美麗的城市。上天終於給了我一次機會，我為什麼不去那裡看看球場的情況呢？如果能談得妥，那我就即將要在球場上證明自己。讓世人看一看，雷·克洛克不只會賣漢堡，照樣也可以把一支棒球隊搞得有聲有色！」

　　喬妮已經在洛杉磯機場等候他了，克洛克和喬妮互相傾訴了思念之情後，兩個人就坐到車裡，去喬妮女兒那兒。

　　喬妮開著車，克洛克坐在旁邊興奮地對喬妮說：「喬妮，機會終於來了，我想買下聖地牙哥教士隊！」

　　喬妮不解地轉過頭看著克洛克問：「那是什麼？是修道院嗎？」

　　克洛克笑得差點岔了氣，喬妮不明所以，詫異地看著他。過了好一會，克洛克才擦掉眼角笑出的眼淚，又捂著肚子「哎

喲」了兩聲，這才對喬妮說：「噢，不，喬妮，也許那是一個教堂的唱詩班。」

既然這個機會來了，克洛克就不會放過，他迅速找了經紀人唐來幫他去洽談這件事情。

當時，有好幾個團體已經表示有興趣買下這個球隊，所以懸而未決的事還不少。唐打電話給球隊的總經理布澤·巴瓦西，告訴他雷·克洛克想買下球隊。

布澤當即表示：「那太好了。這個團體中還有哪些人？」唐說：「他就是這個團體。」

布澤那邊是長時間的、帶懷疑態度的沉默。接著，唐又說：「他擁有麥當勞的七百萬股普通股票，每股賣價約五十五美元。」

布澤用心算過這些數字後說：「我很樂意與克洛克先生談這件事。」克洛克與布澤之間有過一次初步接觸，當時還和布澤及他兒子皮特交換了打棒球的面罩。

從布澤成為老布魯克林·道奇爾隊的一員，並與拉里·麥克費爾、布蘭克·里基和沃爾特·奧馬利等棒球隊總裁有交往時起。克洛克就一直欽佩布澤，而且尊重他的專業知識。這也是使克洛克下定決心要擁有這支棒球隊的原因。

但在達成這筆交易前，有許多個星期是在令人焦急的討價還價中度過的。史密斯起初的出價比克洛克願意出的價格多五十

萬美元。經過艱苦的談判，幾番討價還價，終於在價格上達成了協議。

在價格問題解決之後，正設法透過政府來幫他擺脫困境的律師們仍陷在泥潭裡。唐透過電話每天向克洛克報告與史密斯等人會談的情況。最後，他們把分歧點減到只剩下一兩個。

一天晚上，克洛克飛到了聖地牙哥，見到了史密斯等人。

克洛克微笑著向史密斯伸出友好的手：「你瞧，史密斯先生，我們耽誤的時間夠久的了。除非現在就簽了這個協議，否則不會再有別的協議了。」

史密斯笑了，與克洛克順利簽訂了協議。

經營管理棒球俱樂部

一九七四年，克洛克如願以償地買下了整個聖地牙哥教士隊。實現了他一直想擁有一支自己的棒球隊的夢想。

由於教士隊不景氣已有五年了，隊裡資金短缺，隊員們人心渙散、比賽消極，這幾個賽季的成績一直不算太好。所以克洛克也不指望會讓它立刻就出現奇蹟。

克洛克在體育記者採訪時回答說：「我想，至少要有三年時間才能重振球隊，而且他們在洛杉磯開賽時連輸三場，我也不會感到奇怪。失望，但不奇怪。」

聖地牙哥那幾天都像過節一樣張燈結綵，廣場、街頭，人們都在傳送著同一個訊息：我們的教士隊有救了！是麥當勞的老闆克洛克拯救了他們！

克洛克在聖地牙哥像一個英雄似的受到歡迎。當克洛克和喬妮在街上閒逛的時候，老人和孩子都攔住他：「克洛克先生，感謝您為這個城市挽救了棒球！我們聖地牙哥人都會永遠記住您的！」

有些當地的麥當勞經營者也向克洛克彙報說：「克洛克先生，您買下教士隊後，我們店的生意也比過去好了一倍！」

喬妮笑著對克洛克說：「雷，你成了當地名人了，現在出門別忘了帶簽名筆哦！」

克洛克得意地說：「喬妮，你提醒得對。現在你知道我的決定是對的了吧？」

這天，教士隊迎來了克洛克當老闆之後的第一場主場比賽。

市長在教士隊舉行的第一場家鄉球賽的開幕式上，贈送給克洛克一個榮譽市民獎章。他並即席進行熱情洋溢的講話：「歡迎克洛克先生，歡迎他成為聖地牙哥的一分子！感謝他為我們帶來的快樂！聖地牙哥人民歡迎你！」

體育記者也送給克洛克一個獎章。隨後，當地的美國海軍樂隊和海軍陸戰隊樂隊演奏了樂曲。在克洛克站立的時候，照相機不停地閃光，人們舉起手臂，用手指做出 V 的標誌，全場響

起雷鳴般的掌聲和歡呼聲。

　　而克洛克就像一個總統候選人那樣向歡呼的人群示意。

　　戈登‧麥克雷唱完了國歌後，裁判員高喊：「開球！」

　　當休士頓‧阿斯特羅斯隊的第一個打擊手走出本壘時，克洛克激動得難以自制，他甚至沒有辦法讓自己能安靜地坐在椅子上觀看比賽。

　　但當克洛克看到自己球隊接連出錯時，他的高興勁很快就消失了。幾局下來，比分越來越懸殊了，克洛克感到了巨大的失望和厭煩。

　　接著，教士隊出現了一些上升的跡象。他們占了幾個壘，只剩一個沒占了。教士隊第四個打擊手在本壘後面打出了一個高飛球，全場都緊張地看著球，希望它掉到看台上造成擊球犯規。

　　但休士頓的接球手接住了球，又扔了出來。克洛克轉身對唐說：「該死的，唉，我們還有一個壘沒有占住。」

　　當克洛克轉過去再看比賽時，卻驚奇地看到阿斯特羅斯的人走出了場。他大聲問道：「這是怎麼回事？ 還有一個壘沒跑呢！」

　　唐搖搖頭說：「是的，是還有一個壘沒跑，但我們的隊員在擊球犯規的時候從一壘向二壘跑，所以被接球手擠出局了。」

　　這實在使克洛克感到惱火，他站起來，匆匆向播音室走去。

　　克洛克走進播音室後，拿著麥克風做現場解說的人用疑惑的眼光打量他：「克洛克先生，您這是……」

　　克洛克沒搭理他，從他手上一把抓過麥克風。就在這時，一個男人一絲不掛地從左看台那邊跑過了賽場。

　　克洛克的聲音立刻響徹了球場的每個角落：「把那個不穿衣服的人趕出去！抓住他！快叫警察來！」

　　那個人一直沒被抓到，但他卻在觀眾中引起了相當的混亂。

　　克洛克大聲地對著麥克風說起來：「現在是雷‧克洛克在講話。」

　　觀眾席上一片譁然，就連正在比賽的兩支球隊也都驚訝地停了下來。人們都不知所措地等待著，就連球隊的領隊、經理，甚至市長都豎起了耳朵，聽克洛克要講些什麼。

　　「今晚，我想告訴大家的，有好消息，也有壞消息。今天晚上，場裡的觀眾比幾天前在較大的查維斯‧拉萬體育館看洛杉磯道奇爾隊的開賽式的人還多一萬人，這是好消息。」

　　但接下來，克洛克的聲音再次提高了，近於咆哮：「壞消息是，我們的球打得很糟糕。我對此表示歉意。我對這種球技討厭透了。這是我看過的打得最笨的一場棒球賽！」

　　包括喬妮和棒球隊領隊在內的每一個人都感到了震驚。四萬名球迷大聲叫喊，採訪棒球賽的記者也瘋了。

克洛克回到旅館時，喬妮正在接電話。她放下電話對克洛克說：「我為你感到羞恥！ 雷，你怎麼會做這種事呢？ 難道你喝醉了嗎？」

克洛克疲憊地說：「沒有，我沒有喝醉。我就是瘋了。」

事後，許多記者採訪克洛克，都問他那天的事，他們所提的問題都是：「您是否為在球場上的舉動感到後悔？」

克洛克的答案是：「我從不後悔！ 我後悔的只是當時沒有向他們提出重點，而不僅僅是表達我的憤怒。輸球並沒有什麼錯，但如果是由於隊員不思進取、甘心失敗，那就是不可饒恕的！ 我對這種行為一直痛恨！」

「另外，我確實應該向領隊表示外交上的歉意；但我還是要給棒球隊員們介紹一種新鮮的觀點。這就是我一直堅持的，也是麥當勞的僱員都知道的觀點——顧客花錢是要得到合格的產品。顯然，球員也是一樣，一個職業球員就要把所能做到的最好的球技奉獻給掏錢來看他們比賽的觀眾。如果他不盡力去做到這一點，那就是他們的服務不好，這是顯而易見的。」

當時，對克洛克在現場發火一事有各式各樣的反應。報紙的專欄作家為這件事辯護，電視評論員指責這件事。但從總體上看，他們都同意克洛克所表達的看法——輸球沒有罪，除非你沒有盡最大的努力。

棒球界的各種人士在談到怎樣使這個觀點適用於職業球員

的問題時，就被人們分成支持者和反對者。休士頓·阿斯特羅斯隊的第三號跑手道·雷德說：「他覺得他是在對誰說話，是對一幫做速食的廚師嗎？」

克洛克則針鋒相對，他也對新聞界說：「雷德汙辱了所有做速食的廚師。」

因此，克洛克專門邀請聖地牙哥地區的所有做速食的廚師作為客人，去觀看下一場在休士頓舉行的教士隊迎戰阿斯特羅斯隊的比賽。

在賽前，克洛克更明確表示：「如果哪個人戴著廚師的帽子，就可以免費入場。」

在舉行那場比賽時，觀眾的人數是以往的好幾倍，過去冷冷清清的休士頓體育館竟然爆滿。成千上萬的人戴著廚師的帽子，有的人還在頭頂上放了金色的「M」標誌，而且他們都坐在第三壘的後面。有人在比賽開始前還在雷德的本壘上放了一頂廚師的帽子。

在比賽中，教士隊的球迷們對雷德做的每一個動作都發出譏笑聲，當然，一切都為了取樂。

這場比賽進行得非常精彩！

看到聖地牙哥的球迷們是如何為教士隊吶喊，甚至在輸球時也支持他們的情景，克洛克心裡十分感動。

從休士頓回到聖地牙哥後，克洛克接見了教士隊的工作人員和球員們。當布澤第一次帶克洛克會見辦公室的職員時，克洛克對布澤說：「我要你給所有的人加薪，一個也不要漏。」

布澤對此顯得猶豫不決，他對克洛克說：「球隊的職員薪資歷來很低。他們必須這樣，因為壞年份比好年份多。」

克洛克當即回答說：「傳統算什麼，我擁有的球隊就要有優厚的薪資。」

最後，他們達成了協議：沒有給每個人增加薪資。但克洛克要求讓有資格提薪資的人都能有份。在聖誕節和球隊比賽情況好時，他們都得了獎金。

布澤後來承認，球隊不斷取得勝利的部分原因是辦公室職員對工作有了新的興趣和提高了工作效率。

在一九七七年的賽期開始前，克洛克還為球隊引進了一些優秀的選手。一個是吉恩‧坦納斯，他是個接球手、外場員和有力的打擊手；另一個是羅利‧芬格斯，他是個優秀的替補投手，他們兩人原先都是奧克蘭 A 隊的球員；另一個替補投手是布切‧梅茨格。

大家期待著投球手蘭迪‧瓊斯再次大出風頭。作為一個開局投手，他在一九七六年獲得過「青年獎」。這大大地充實了教士隊的實力，球隊的水準一直在不斷提高，成績也一直在穩步上升。

隨著球隊的表現越來越好，球場上的觀眾每年都增加很多。

到後來，教士隊的比賽越來越好看，教士隊的比賽幾乎場場爆滿，球隊已經成為全國的領頭羊之一。

克洛克還想出了很多有趣的辦法來鼓勵觀眾的情緒，比如用爵士樂隊。在橄欖球賽中，使用爵士樂隊已成為傳統，現在也用在了棒球賽中。

在一次比賽前，克洛克拿出一萬美元讓人去搶。當時，從看台上隨意挑選了四十名觀眾，讓他們走到撒滿紙幣的賽場上。在規定的時間裡，他們搶到的錢都歸自己。

場地上爭搶得非常激烈！

布澤感謝克洛克對球隊表現出的濃厚興趣：「克洛克先生，幾乎所有的球隊主人都是不露面的地主，而您不是！」

教士隊的球場歸聖地牙哥市所有，因此克洛克不能在那裡做自己想做的事。市政府的要員們毀掉了他準備整修周圍環境、美化場地的一些計劃，克洛克也無可奈何。

但克洛克仍不斷想出一些辦法，使棒球比賽變得更加讓人高興。其中的一個辦法是，單人電子樂隊，即一架帶鼓聲、鈸聲和各種音響效果的自動演奏鋼琴。

克洛克讓人把它漆成教士隊的黃褐色，然後放在體育場的入口處。

布澤認為這是種古怪的想法，但他看到比賽前在那裡觀看的人群時，他改變了這個看法。

克洛克還想出了一個用一美元買一大盒爆米花的主意。他們的促銷口號是：「世界上最大的爆米花盒。」

在這方面，克洛克還有些其他的想法，比如一種新的餅乾。他這個想法是從匹茨堡的吉姆·德里加蒂那裡學來的。在他那裡，這種餅乾被叫做「阿爾定諾小胡桃餅」。

總的來說，擁有教士隊是很有價值的。其中最有價值的一點是，克洛克發現了聖地牙哥的進取精神。他認為，聖地牙哥正在向全國發展最快的地區之一的方向前進。氣候條件對各種製造業來說都很好，勞動力很充裕，人們對本地區有一種飽滿的情緒。

一九七六年八月，克洛克又買下了世界冰球聯合會的聖地牙哥水手隊。他覺得這座城市值得有自己的棒球隊和橄欖球隊，也值得有一支職業的冰球隊。

其實克洛克對冰球從來也沒太注意過，但他知道，它的節奏很快，色彩豐富。也有人對克洛克說：「你看過幾場比賽後就會上鉤了。我們就等著瞧吧！」

水手隊也一直受人歡迎，但一直虧本。它需要強有力的商業指導，而克洛克和布澤以及克洛克的女婿、冰球隊的副總裁兼總經理巴拉德·史密斯可以給它這種指導。

棒球隊和冰球隊的成績好了並開始盈利之後，克洛克這時候就開始圍繞著球隊做起了生意，麥當勞的餐館就不用說了，在體育館的周圍就開了好幾家，還設置了一些快速自動售貨機。

喬妮看到克洛克又像年輕時做生意一樣投入到體育俱樂部的事業中去，忍不住對他說：「雷，我想對你說，只要把你放到人群中去，無論是在哪個地方，你都能立刻變成一個商人，不停地賣各種各樣你能想出來的東西。」

克洛克笑了，他對喬妮說：「我又一次證明了自己，這一次是在體育的領域。親愛的，這裡面也有你的功勞呢，是你在家裡與我一起鍛鍊，才讓我彷彿回到了童年任性愛鬧的歲月！」

成立克洛克基金會

一九七三年，克洛克買下聖地牙哥教士棒球隊的事，受到了那些自認為知道如何花錢的人的批評，有人指責克洛克是一隻撈錢的餓老虎。

而克洛克對此表示：「其實並不是那麼回事。我做任何事從來都不是只為賺錢。」

幾年前，克洛克在一次財政會議上講話，就有個人站起來說：「克洛克先生有這種熱情和精神，豈不是件很有趣的事嗎？大家知道，他在麥當勞有四百萬股股票，每股漲了五美元。」

克洛克當時很尷尬。但他馬上對著麥克風說：「那又怎麼

樣？！我仍然可以在一段時間只穿一雙鞋。」

克洛克這句話得到了熱烈的掌聲。但是，這就是人們的心理狀態。那個只從「我在那裡」的角度想問題的人，是無法想像出別人是不會那樣想問題的。

當有人在報紙上用廉價的子彈攻擊麥當勞或克洛克本人時，他當然也會氣得罵人。但克洛克一直敬佩哈里·杜魯門，並喜歡他說過的那句：「如果你受不了熱，就滾出廚房！」

克洛克不準備滾出廚房，他還想實施自己為麥當勞制訂的許多計劃，這其中就包括克洛克基金會。

早在一九七○年年初決定在那年十月慶祝七十歲生日時，克洛克就捐出大筆錢做些有價值的事。他最初與喬妮和唐討論這個問題時提到的數字是一百萬美元，但隨著時間的推移和逐步開列出可能得到捐款的名單，這筆錢的數字就不斷變大了。

一九七三年，不僅僅是這些惡意攻擊讓克洛克氣憤煩惱，更有讓他悲痛欲絕的事，那就是他唯一的女兒瑪麗琳由於糖尿病而去世。

克洛克一度無法自拔，精神恍惚，身體極度虛弱，他多年的糖尿病也復發了，不得不住進了醫院。

剛剛康復出院以後，在買下聖地牙哥教士隊後不久，克洛克又因為風濕性關節炎而不得不做手術換了一個塑料的股關節，這才得以從床上重新站起來。

這天晚上，克洛克在病床上與《芝加哥論壇報》的體育專欄作家戴夫·康登一起閒聊。他們談到了一九二九年幼狐隊在世界循環賽中與費城隊對抗的事。

克洛克說：「你知道，戴夫，我是一個再生的典型。那天，哈克·威爾遜在陽光下沒有接住那個飛球，我就死過去了！」

這是克洛克以苦為樂故意開個玩笑，但是，他確實感到自己在生活中好像又被一顆子彈擊中了。他對戴夫說出一種設想：「戴夫，高血壓、糖尿病、關節炎，年輕人患這三種病實際上會影響他們一生的幸福。我或許想選擇它們作為我將來支持的對象。」

戴夫看著克洛克：「只是一種設想？」

克洛克說：「是的，是一種設想。一方面是因為這個原因，另一方面也是因為這些病毀了我個人的生活。我自己就患有糖尿病，艾瑟爾也遭受過這種病痛。我的女兒瑪麗琳因患這種病離開了人世。風濕性關節炎破壞了我的股關節，使我走路離不開拐杖。現在這種病又使我不得不臥床，我覺得一切都完了！我的醫生不同意為我做手術，因為我有糖尿病和高血壓。後來，我要求即使丟了命，我也要裝一個塑料股關節。我寧死也不願躺在床上。啊，手術很成功。」

「現在，我在房間裡走路已不用拐杖了，不過我的妻子還不得不經常提醒我走慢點。多發性硬化症影響了我妹妹洛雷恩的身

體。她和她的丈夫在印第安納州的拉斐特有三個麥當勞餐館。我的兄弟說，洛雷恩也許會成為一女雷·克洛克，因為她在許多方面像我。」

說到這裡，克洛克看著戴夫，一個念頭在心裡悄悄生成。

一九七四年春天，克洛克也感覺自己身體正像春天的來臨一樣，慢慢康復。這天中午，克洛克說要到外面去看看，於是喬妮陪著他到戶外散步。

克洛克拄著拐杖，站到門外，大口呼吸著新鮮的空氣。他放眼望去，太陽把溫暖灑向大地，院子裡的小樹剛剛吐出鵝黃色的嫩芽，田野裡的小草也剛剛冒出頭來，隨著和煦的春風晃著頑皮的小腦袋。

克洛克說：「喬妮，我現在更加體會到健康對人的重要，當你擁有它的時候，似乎毫無察覺，但一旦你失去它，就感覺到它的彌足珍貴了。我是幸運的，我失而復得了。」

喬妮攙扶著克洛克，看著他兩眼重又放出敏銳的光芒，她眼中也閃著喜悅的光：「是的，雷，這種手術成功的機率很低，就連醫生開始也在猶豫，塑料股關節能否在你身上置換成功，好多年輕人都不能從手術台上站起來呢！現在證明，好運氣確實總在圍繞著你！」

克洛克說：「你說得對，喬妮。幸運之神總是如此眷顧於我。但是我這近一年來所受到如此多的打擊，尤其是瑪麗琳。所

以我由己及人，想到還有許多像瑪麗琳和我一樣的病人，他們一定需要很多幫助。如果醫學上能有更大的突破，那就會使更多的病人從病痛的折磨中解脫出來。」

喬妮看著克洛克：「雷，你的意思是……」

克洛克神情堅毅地說：「我覺得我要為醫學做點事，喬妮。我想成立一個基金會，專門為醫學機構提供研發資金，用來研究各種疑難病症。你認為呢？」

喬妮微笑著表示贊同：「雷，我贊成你的打算。這的確是個好計劃！我們就成立一個基金會，在有生之年盡力多為社會做一些事情。」

克洛克聽到喬妮的話很高興，兩個人邊走邊商量著具體細節。克洛克說：「喬妮，我想先支援一些醫療機構和一些科學機構。我們首先選擇在芝加哥的相關機構，因為那裡畢竟是我的故鄉。」

喬妮點頭表示同意：「好的，雷，就按你說的做。」但她接著又勸道：「但是，你現在身體還很虛弱，就讓我來幫你完成這個心願吧！」

克洛克感激地望著喬妮：「喬妮，遇到你是我最大的幸福！」

喬妮知道克洛克是個急性子，所以她立即開始籌劃克洛克基金會的成立和捐助工作。喬妮其實是非常能幹的，她對芝加哥

的人們說：「芝加哥是克洛克先生的故鄉，也是麥當勞事業的發源地。現在，克洛克先生事業有成，他從來沒有忘記自己的家鄉，感謝故鄉人民當年對麥當勞的支持。所以，克洛克先生願意捐出一部分錢，作為對家鄉父老的回報。」

克洛克與唐、喬妮在討論基金會管理人員時，考慮到克洛克的兄弟鮑勃是這個基金會總裁的最佳人選。鮑勃是一位醫學博士，一九六五年任沃納‧蘭伯特醫藥公司研究所生理學部負責人。鮑勃是專攻內分泌學的，在這個領域有很高的威望。

鮑勃開始不願意放棄他的職位從紐澤西舉家搬到南加州的農場來，後來克洛克費盡了口舌，他這才同意搬過來主持基金會。建在農場裡的基金會總部大樓裡，舉行科學研討會和論文展示會的各種設備一應俱全。

鮑勃總是設法把資金提供給一些重要項目的研究，還請了許多極受尊重的科學家和醫生來參加基金會舉行的科學大會。每次會議的結果都以書的形式或作為最有權威的雜誌的副刊出版。

克洛克和喬妮親自擬定第一批捐款的名單。在克洛克最後確定的名單上，獲得大筆捐款的有：兒童紀念醫院的遺傳學研究和新設施的建設項目、西北紀念醫院生育問題研究所的建設項目、阿德勒天文館的宇宙劇場項目、林肯公園動物院的大猿猴館建設項目、佩斯研究所對庫克縣監獄犯人的教育和改造計劃、拉萬尼亞節日協會開辦資助基金會的計劃和自然史現場博物館舉辦

大型生態展覽的項目。基金會主要支持有關糖尿病、風濕性關節炎和多發性硬化症的研究。

克洛克基金會首批捐款七百五十萬美元，他和喬妮感覺，能把錢用在對人類有意義的事上，真是一件讓人自豪的行動。

克洛克說：「我看著麥當勞發展成了全國性的機構。美國是唯一能使麥當勞做到這一點的國家。我真誠地願與其他人一起共享我的財富。」

基金會在一九七六年擴大了活動範圍，把喚起公眾認識家庭酗酒影響的計劃也包括了進來。這項計劃是以「考克行動」的名義開展的，考克是克洛克的英文字母的反向拼寫的讀音。它也是喬妮主要關心的事業之一，她為此與眾議員約翰凱勒和弗雷德萊恩花了許多時間做組織工作。

喬妮一直特別關心那些由於家庭酗酒而導致父母離婚的孩子，她說：「這些孩子真讓人覺得可憐！」喬妮和一些志願者一起收留那些無家可歸的孩子，到處去宣傳酗酒的危害。

克洛克一貫樂於幫助別人，所以投入了大筆資金來支持喬妮的善心。

克洛克打算資助芝加哥的各個機構，表示他的感謝之情的另一個考慮是，年輕人及他們的家庭對麥當勞的成功有重要意義，他要用自己的捐贈對此給予承認。

恰好就在考慮這些捐款的時候，麥當勞公司在奧克布魯克

辦事處組織了一次獻血活動，以幫助他們會計部門雷德· 盧埃林的小兒子。這個孩子在田納西州的孟菲斯聖朱迪兒童研究醫院治療白血病，需要輸大量的血。

後來，雷德的妻子來感謝克洛克。她把兒子在聖朱迪醫院受到精心照料的情況告訴了克洛克。於是，克洛克做了些調查，對那裡的情況有更多的了解，然後又在捐款的單子上加上這家醫院。

除了這些受贈者外，克洛克還給小時候常去的奧克帕克的哈佛公理會和喬妮擔任理事的南達科他州拉皮德公共圖書館捐了款。

自然博物館還建立了雷·克洛克環境基金會。博物館館長利蘭韋伯宣布該基金已收到十二點五萬多美元，用以實施教育年輕人的系列電影、現場考察和研討會計劃。克洛克高興得連一句話都說不出來。

多年來，克洛克因為熱心於慈善事業，受到了社會的尊敬，也因此獲得過許多榮譽，是各行各業頒發給他的。克洛克在奧克布魯克的辦公室旁邊專門建了一個展覽室，裡面陳列著他獲得的所有的獎章、緞帶和紀念品。

有些人認為，一個大公司的董事長炫耀這些紀念品，實在有點俗。但克洛克對所有的這些獎章和紀念品看得非常珍貴，對每一件獎品都感到自豪，無論它是童子軍手工製作的紀念品，還

是鍍金的多軸混合器。

但所有這些獎品都不如被授予「當今傑出的芝加哥人——慈善家雷‧克洛克」的榮譽稱號最令克洛克激動。那是由全國多發性硬化症協會芝加哥分會在一九七五年的一次晚宴上授給克洛克的榮譽。

當晚，芝加哥的名流和成功人士濟濟一堂，共同慶祝新的一年的開始，就在晚宴中，全國硬化症協會芝加哥分會宣布：「為了表彰克洛克先生對醫療方面的貢獻，特向他頒發這一榮譽稱號。克洛克先生是芝加哥人的驕傲！」

克洛克事先並沒有得到消息，所以他激動萬分，以至於在接受這個獎盃時，兩隻手都在顫抖。

在徵得喬妮的同意後，克洛克宣布：「我將再次捐出一百萬美元送給全國硬化症協會芝加哥分會，以感謝為我頒發這個榮譽稱號。」

整個宴會大廳裡頓時響起了經久不息的掌聲。克洛克在家鄉父老面前感受到了極大的尊重和榮譽，他的雙眼濕潤了。他對喬妮說：「我現在才真正感覺到，幫助別人是一件多麼快樂的事情。」

直至工作到生命終止

一九七七年一月，弗雷德擔任麥當勞董事長，史密斯擔任

總裁和行政管理處的總負責人。而董事會把克洛克尊為高級董事長。

麥當勞與早期創辦時相比，已經完全脫胎換骨了。為了適應變化，增加了少數民族僱員，他還搞了一個讓合格的黑人男女當經營者的計劃，這在促進黑人資本方面一直起著領導潮流的作用。

公司業務比原來也更加繁多了。過去，公司中某人每週只用幾分鐘時間就可以處理的工作，現在已經發展到要由數百人的各個部門來處理。

克洛克一刻也不得停歇，他始終關注著麥當勞每一個可喜的變化。時光也在匆匆地從他的眼前流逝。

一九八二年十月，麥當勞公司總部的員工為克洛克舉行盛大的八十歲大壽生日晚會。

克洛克非常高興，他希望在那天晚上見到他最親密的朋友——祕書、現場人員、總裁們，因為他想看到自己給他們的生日禮物的反應，這些生日禮物就是克洛克以禮物的形式送他們的麥當勞的股票，而且就是當天寄給他們的。

為了製造一點神祕色彩，克洛克為此還在之前做了大量的私下調查工作，設法弄到他們有些人中的夫婦和孩子的社會保險號碼，以便轉讓股票。有些股票是送給了一些總裁的妻子們，因為作為一個麥當勞人的妻子，必須是有耐心、能理解人的人。克

洛克知道，在這些麥當勞人取得成功的背後，她們做出了很大的犧牲。

克洛克渴望見到人們的驚喜使晚會的氣氛達到高潮。

多年的風濕病已經讓克洛克行動不便，當晚喬妮推著輪椅把他帶到了會場。大家看到，坐在輪椅上的麥當勞老掌門人依舊精神抖擻，聲音洪亮地向每個認識的人打招呼。

收到克洛克禮物的人們對他表達了內心的感激之情，這讓克洛克感到尤其高興。他說：「你們不僅僅是我的朋友，而且更是我要衷心感謝的人！」

弗雷德代表公司裡所有員工向克洛克獻上了賀詞：

金秋送爽，果樹飄香。十月的風景因一位老人八十壽辰的到來而更加美麗。八十年的風雨歷程，老人在平凡如斯的歲月裡操守著自己的責任與品行；八十年的坎坷經歷，老人用精誠不息的勞作捍衛著一個大家庭——麥當勞大家庭的聲望與榮光……

八十年前的今天，當他來到這個世界，便注定要與責任和汗水結下一生情緣。他過早進入社會，而這也磨煉了他堅韌不屈的品格，讓他懂得了責任與奉獻。如花的青春歲月，他用年復一年的不懈付出使推銷業績達到輝煌；待他年近花甲之時，又創造了世界級的麥當勞舉世偉業。

麥當勞的每一步成長都見證了他的偉岸與神奇，而促使老人完成這一壯舉的，是他心存博愛的品行與風骨，是不懼生活壓

力的堅毅而勇敢的心。時間不緊不慢地走過，當麥當勞這個兒子已經能夠頂家立業時，老人也仍然沒有讓自己閒下來，他還在體育事業和慈善事業中奉獻力量。

八十年的時光足夠漫長，足夠胸懷大志的偉人創下霸業，足夠精明果敢的商賈留下自己的金融帝國。八十年的時間，老人有過春華秋實，也收穫了別樣人生。他用畢生的精力和付出詮釋了一位耕耘者的勤勤懇懇，一位奉獻者的無私。

今天，艱難困苦的歲月已一去不返，而經歷過歲月洗禮的麥當勞全體員工們卻忘不了老人為我們的成長做出的努力與犧牲。克洛克先生締造了全球聞名遐邇的超大型企業，將金色的麥當勞旋風颳向全美國，刮向全世界，在全世界演繹著它的傳奇。

今天，我們要送給老人——我們最敬重的克洛克先生——最真誠的祝福。在這個秋風颯爽、碩果飄香的日子裡，我們要給這位慈祥老人的最好的生日禮物。讓我們為克洛克先生舉酒，為歲月乾杯，祝福老人健康永駐，生命常青！

弗雷德的講話表達了每一位員工的心聲，大家用熱烈的掌聲表示贊同。

弗雷德對已經感動得熱淚盈眶的克洛克說：「克洛克先生，請您對公司裡的員工講幾句話吧！大家希望能聽到您的教誨！」

又是最熱烈的掌聲。

　　克洛克擦了擦眼睛：「好吧！」然後，他走到了主席台前，扶正麥克風，清了清嗓子。

　　所有麥當勞的員工都安靜下來，看著這位年已八旬仍然精神矍鑠麥當勞之王。

　　克洛克的目光自左至右向台下緩緩望過，平復了一下激動的心情，然後用平和從容的語調說：「謝謝大家！曾經有很多人問我，我這一輩子，是不是上帝給我的東西太多了，而沒有給其他人，比如幸福。」

　　「他們認為我太過於幸運，一種速食到了我這裡竟然變成了一個如此成功的企業。但是我想說的是幸福是無法給予某一個人，正如《獨立宣言》所說，你所能做得最好的事情，就是給他追求幸福的自由。幸福不是一種實實在在的東西，它是一種副產品，取得成就的副產品。」

　　人們聽著克洛克彷彿談心一般的講話，都默默地點頭。

　　克洛克語氣一轉，聲音略微提高了一些：「而所謂成就，就是在占用了失敗的可能、失敗的風險後才能獲得的東西。走完被放在地板的鋼絲，那不叫成就。成就是把它懸在半空再走過去。」

　　大家聽了，臉色略帶嚴肅。

　　克洛克繼續說：「沒有風險，就沒有取得成就的驕傲，結果也就無法體會幸福。我們唯一可以取得進步的辦法，無論是個

人，還是集體，都是要以開拓者的精神向前走！我們必須迎接自由企業制度中存在的風險。這是世界上經濟走向自由的必由之路，沒有其他的路可走！」

克洛克把生日晚會當成了一次他總結一生寶貴經驗的座談會。但他嚴肅而發自肺腑的一番言論，也被在場的員工們當成了真正的麥當勞的財富。

在這次慶祝八十歲大壽生日活動之後，克洛克還應各個大學的邀請，到許多商學院去演講。在那些地方，學生們真正領略到了克洛克出色的口才、敏銳的頭腦和深刻透徹的分析。克洛克的演講在每一個地方都受到熱烈歡迎，那裡的禮堂裡總是滿的。大家都爭先恐後地想親眼看一看「麥當勞老爹」的風采。

克洛克也真正想把一些成功的經驗介紹給青年人，他認為，有許許多多的美國青年都沒有機會學習從工作中得到樂趣，國家的大部分社會和政治哲學似乎總是要把生活中的風險逐個地排除掉。他認為這是不對的。

他說：「一些人不願相信冒險可以換來應有的回報，對此，麥當勞的發展歷程給了他們一個有力的回擊。世界上並不缺乏機遇，缺乏的是抓住機遇的訣竅。因此，你必須在合適的時間出現在合適的地點。幸運之神或許會稍稍眷顧，這點毫無疑問，然而，物質的富足讓太多人忽視了那個最重要的因素——依舊是艱苦奮鬥的精神。」

克洛克給學生們講麥當勞成功的經驗，講他自己艱苦創業的經歷，也講對市場的分析和體會。他還教導學生們：「書本上學來的知識必須要真正得到實踐，這是非常重要的環節。如果你用這種態度來對待自己的工作，生活就不會使你失望，不管你是董事長還是第一號洗碗工都是如此。你應該學會懂得『工作和被人要求工作』的樂趣。我一直反對那些只知道死摳書本而不去了解怎樣把知識運用到工作和生活當中去的人！」

而克洛克還把自己的座右銘講給學生聽：「我一直最喜歡說一段話，而且我還把它做成了牌匾掛在了麥當勞總部的辦公室裡，大家請看……」

說著，克洛克把這段話寫在了黑板上：

奮力前進吧，世上任何東西都不能代替恆心。

「才華」不能：才華橫溢卻一事無成的人並不少見。

「天才」不能：是天才卻得不到賞識者屢見不鮮。

「教育」不能：受過教育而沒有飯碗的人並不難找。

只有恆心加上決心才是萬能的。

這也確實是克洛克一生的真實寫照，他的一生就是在這樣的恆心和決斷中度過的。

雖然已經到了耄耋之年，但克洛克仍然每天都在為麥當勞的發展操勞。

　　喬妮看到克洛克的身體已經越來越差了，還不顧性命地如此工作，她非常擔心，經常勸克洛克：「雷，你別太累了，你應該好好休息一下。你這輩子幾乎沒有休息過一天，所有的時間都用在了工作上。」

　　克洛克說：「不行啊，我還有許多的夢想呢！」

　　喬妮說：「雷，你這輩子幾乎從來都沒有停止過夢想。你讓我非常憂慮。」

　　克洛克思索著喬妮的話：「嗯，這輩子……喬妮，你相信命運嗎？我父親去世的時候，我在我父親的財產中發現了一張紙，那是一九〇六年的一份黃色的文件。當年我才四歲，有一個骨相學家給我看了頭上的隆起的骨頭後，向我父親說出一個預言。此人預言我會成為食品界中某個行業的廚師或工人，而且會在這個行業做出很大的成就。」

　　「我對這個預言感到吃驚，畢竟我是在與飲食業有關的行業中工作，而且感到與廚房有一種實實在在的親緣關係。對於老人的預言最終成為現實能有多大的準確性，我幾乎一無所知。但現在看來，這個預言是多麼準確啊！看來，是上帝從一開始就把我跟麥當勞緊緊地拴在了一起，我今生再也無法與它分開！」

　　喬妮聽了這個傳奇式的故事，她瞪了雙眼：「你已經做到成功了，雷，你的夢想已經完全實現了。」

　　克洛克卻笑著說：「我的夢想還多得很呢！我夢想讓麥當勞

的金色『M』拱門豎立在全世界的每一個角落；我夢想著教士隊能獲得一個世界循環賽的冠軍；我夢想著麥當勞能有一些新鮮的創意；我還夢想著美國人聽到越來越多的有關漢堡外交的事情。」

喬妮看著精神亢奮的克洛克，知道沒有辦法說服他停下來，只好陪著他一起看那些麥當勞公司的文件，並幫他整理筆記。

一九八三年的新年來到了，麥當勞公司照例召開一年一度的聚會，克洛克雖然身體不好，但還是堅持參加了。

幾天後，克洛克回到聖地牙哥，他感到非常疲倦，但他仍然照常審查麥當勞在海外投資的文件，而且常常熬到深夜。

一月十三日當晚，喬妮仍然陪克洛克審查報告。已經很晚了，她勸道：「雷，工作不是一天能幹完的，我們還是早點休息吧！」

克洛克伸了個懶腰：「喬妮，時間不等人啊！我已經是風燭殘年了，越來越感覺到時間的寶貴。好，你先去睡，我看完最後這幾頁馬上就去。」

喬妮實在熬不住了，就回房去了。

一月十四日清晨，當喬妮醒來時，卻發現克洛克沒在身邊，床上也沒有他睡過的痕跡。她心頭有一種不祥的預感，趕緊起床跑到書房。

　　克洛克伏身在書桌上，手裡仍然拿著一份關於發展麥當勞的報告。

　　喬妮奔上前去，吃力地把克洛克的臉托起來，卻發現克洛克已經永遠地閉上了雙眼。

　　事後診斷，克洛克死於心臟病突然發作，享年八十一歲。

附錄

　　在創業的時候，要有眼光找到一些有才能的人一起奮鬥，單靠一個人的努力是不會成功的。——克洛克

附錄經典故事

愛思考的推銷員

克洛克從小喜歡長時間地思考，設想各種情況發生時自己應該如何處理。十二歲，讀完初中二年級他就開始工作了，先是開了一個賣檸檬水的攤位。後來，他還和兩個朋友一起開過一個很小的唱片店，賣唱片和稀有樂器，克洛克負責彈鋼琴唱歌來吸引客人。這些店都獲得了意想不到的成功。

克洛克還推銷過很多東西，曾經給一個叫華爾格林的食品連鎖店供應盛放醬料的紙杯。

一天，克洛克在中午時間觀察了他們的客流量，發現完全可以在生意非常繁忙、座位不夠時，用帶蓋的紙杯賣啤酒或軟飲料給那些找不到座位的客人打包帶走。

克洛克去拜訪了那兒的經理，並給他展示了產品。克洛克說：「因為這樣一來可以幫你提高生意額。你可以在櫃台前單獨設一個地方來做外帶，用紙杯裝飲料，加上蓋子，把客人要的其他食品一起放在袋子裡給他們拿走。」

最後，經理同意免費試用他提供的紙杯。結果非常成功。沒過多久，他就成了華爾格林所用紙杯的供應商。

獨特的經營之道

克洛克入主速食業後，帶來了革命性的新觀念。他以公

平、互惠的精神訂立特許經營合約。他要使麥當勞成為一個穩定且以品質標準統一著稱的公司，所以必須能夠在一定程度上控制前來購買特許權的投資人，因而也就必須放棄一些短期的利益。

克洛克決定麥當勞一次只賣一個餐館的特許權。剛開始時，克洛克多以大都市為授權經營區域，但他很快就縮小了授權區域。對以前授權的那些大範圍區域加盟店、原加盟店有權優先購買新店的特許經營權，但無權自行設店。規定表現優異的受許人可以擁有多家加盟店，而表現不好的受許人只能擁有一家店鋪。謹慎挑選受許人，並嚴格控制加盟店的經營活動，絲毫不准越軌。

就這樣，透過是否給予特許權，克洛克控制了加盟者，促使他們注重品質、清潔、服務與價值。這也是保持麥當勞長期獲利的重要原因。

「走動管理」的經營策略

克洛克有個習慣，不喜歡坐在辦公室辦公，大部分工作時間都用在「走動管理」上，即到所有各公司、部門走走、看看、聽聽、問問。

曾經有一個階段，麥當勞公司面臨嚴重的財務虧損。經過調查，克洛克發現是公司各部門經理的官僚主義作風，導致了這一場危機，他們習慣於舒舒服服地躺在靠背椅上指手劃腳，看不見問題的根源，把許多時間耗費在空談和相互推諉上。

克洛克為此寢食不安，他覺得，扭轉這種積弊靠發幾個老生常談的文告或板著臉進行幾次訓話是解絕不了的。為了徹底清除經理們的怠惰習氣，克洛克想出了一個奇招：將所有的經理的椅子靠背鋸掉，並立即照辦。

對於總裁的決定，所有的人都疑惑不解，他們不知道克洛克的真正用意何在，但面對嚴厲強硬的命令，經理們只好依章照辦。他們坐在沒有了靠背的椅子上，覺得十分不舒服，不得不經常站起來四處走動。

終於，他們慢慢領悟出了克洛克的苦心，紛紛走出辦公室，仿效克洛克的樣子，深入基層「走動管理」。

很快，經理們發現管理當中存在著許多問題，於是及時了解情況，現場解決問題，終於使公司扭虧轉盈。

依靠這個祕訣，麥當勞公司不僅解決了財務危機，而且終於成為全球五百強企業。

麥當勞為什麼不養牛

據說，當年從麥當勞兄弟手裡買下特許經營權的除了克洛克之外，還有一個荷蘭人。

不過，克洛克和那個荷蘭人走的是完全不同的經營之路。

一開始，克洛克看起來比較愚蠢。他只開麥當勞店，加工牛肉，養牛的錢都任別人賺去了。

　　而荷蘭人則顯得聰明，他不僅開麥當勞店，而且所有賺錢機會都不讓別人染指。他投資開辦了牛肉加工廠，使加工牛肉的錢也流入自己的腰包。後來他想自己幹嘛買別人的牛，讓別人賺走養牛的錢呢？於是又辦了一個養牛廠。

　　日復一日，年復一年，克洛克把麥當勞開遍全世界，而那個荷蘭人呢？

　　人們找啊找，終於在荷蘭的一個農場裡找到了他，他什麼也沒有，就養了兩百頭牛。

生命的最後一刻

　　當麥當勞已經和萬寶路、可口可樂成為了美國眾人皆知的三大名牌時，克洛克依然帶著有病之軀，奮鬥不止，一九八四年一月十四日，這位八十四歲的高齡老人依然不知疲倦，在加州聖地牙哥巡視，他手拿望遠鏡仔細觀察麥當勞的經營情況，還發現了幾個缺點。當他準備寫出來的時候，筆滑落了，他倒了下去，再也沒能夠站起來。克洛克為麥當勞工作到生命的最後一刻。

　　在麥當勞公司總部的辦公室裡，還懸掛著克洛克生前喜愛的座右銘：

　　世上任何東西都不能代替恆心。

　　「才華」不能：才華橫溢卻一事無成的人並不少見。

　　「天才」不能：是天才卻得不到賞識者屢見不鮮。

「教育」不能：受過教育而沒有飯碗的人並不難找。

只有恆心加上決心才是萬能的。

也許，這就是克洛克贏得事業巨大成功的訣竅之一。

年譜

一九○二年十月五日，出生於美國芝加哥奧克帕克。

一九○七年，開始跟媽媽學習鋼琴。

一九一八年，高中二年級輟學，謊報年齡參軍。

一九一九年，第一次世界大戰結束，從軍隊退役，開始做推銷。

一九二○年，全家遷往紐約，入湯瑪斯公司紐約辦事處工作。

一九二二年，回到芝加哥，入莉莉紙杯公司做推銷員。和艾瑟爾結婚。十月，女兒瑪麗琳出世。

一九二五年，帶領妻子女兒赴佛羅里達，入莫朗父子公司從事房地產推銷。

一九二六年，房地產生意失敗，全家返回芝加哥，繼續在莉莉紙杯公司做推銷員。

一九三○年，找到大客戶沃爾格林公司，從此生意面向大客戶。

一九三二年，父親由於經濟蕭條導致破產，因腦出血去世。

一九三七年，離開莉莉紙杯公司，自己開創普林斯堡銷售公司，推銷多功能奶昔機；同年，麥當勞兄弟開創第一家餐館。

一九四一年，太平洋戰爭爆發，多功能奶昔機停產，另謀生路。

一九四五年，日本投降，第二次世界大戰結束，多功能奶昔機生意恢復。

一九四九年，僱用瓊‧馬蒂諾。

一九五四，與麥當勞兄弟相遇，簽訂了協議，替麥當勞開設連鎖店，發放經營許可證。

一九五五年三月二日，創辦麥當勞連鎖公司；僱用哈里‧索恩本。四月，開設第一家樣板店。

一九五六年，僱用弗雷德‧特納。

一九五九年，和克萊門‧博爾合作被騙，公司出現難關，從供貨商那裡貸款四十萬美元度過難關。任命哈里為公司總裁兼總經理，自己出任董事長。

一九六一年，與喬妮‧史密斯相遇；與艾瑟爾離婚。和麥當勞兄弟談判，買下麥當勞；創建漢堡大學；創立麥當勞研究發展實驗室，研製開發新產品。

一九六三年，和簡‧格林結婚。創立小丑「麥當勞叔叔」形象，受到歡迎。

一九六六年，哈里辭職；自己擔任麥當勞公司的總經理兼總裁。

一九六七年，舉行全國性的廣告宣傳和推銷。

一九六八年，任命弗雷德為麥當勞公司的總經理和執行總裁。和喬妮再次相遇；與簡離婚。漢堡大學校址落成。

一九六九年三月八日，與喬妮在南加州的農場家中結婚。

一九七〇年，麥當勞正式進軍海外市場。

一九七一年，麥當勞進軍日本市場，大獲成功。

一九七二年，試圖購買芝加哥幼狐隊失敗。

一九七三年，愛女瑪麗琳因患糖尿病去世。

一九七四年，買下聖地牙哥教士隊。成立克洛克基金會。

一九八三年一月十四日，心臟病突發去世。

名言

● 堅持和毅力是成功的萬能藥。

● 只有決心和毅力，才是無可替代的！

● 滿足於成功，就意味著倒退，我們和你一樣都不能讓它發生。

● 如果一個人下定決心，那麼幾乎就沒有不可完成的事情。

● 只要你精力旺盛，你就在成長；一旦你成熟了，你也就開始腐爛了。

● 所謂成就，就是在占用了失敗的可能、失敗的風險後才能獲得的東西。走完被放在地板的鋼絲，那不叫成就。成就是把鋼絲懸在半空再走過去。

● 我們必須迎接自由企業制度中存在的風險，這是世界上經濟走向自由的必由之路。沒有其他的路可走！

● 一些人不願相信冒險可以換來應有的回報，對此，麥當勞的發展歷程給了他們一個有力的回擊。世界上並不缺乏機遇，缺乏的是抓住機遇的訣竅。

● 應該學會懂得「工作和被人要求工作」的樂趣。我一直反對那些只知道死摳書本而不去了解怎樣把知識運用到工作和生活當中去的人。

● 我一直認為，每個人都是自己創造幸福，自己解決難題。這是一個簡單的哲學。

● 如果你期望自己的企業能運轉得好，就必須把每個基本的組成部分都搞得很完善。

● 細節問題在生產線上是極其重要的一段，產品透過它時必須很平衡，否則整個的工廠都會出現震動。

● 如果處理得當的話，壞事也可以變成好事。

● 為你自己做生意，但不是由你自己來做生意。

● 在我看來，收入可以以不同的方式表現，一種最好的方式是臉上的滿意的笑容。與其他相比，這才是最值錢的。

● 我信奉上帝、家庭及麥當勞——而在辦公室裡，這三者的順序是完全顛倒的。

● 假如你希望成為一個大公司的領導人，你就必須要背負一個十字架：在攀升的路上，你將失去許多朋友。

● 做生意不像作畫，你無法畫上最後一筆，然後把它掛在牆上

自己欣賞。猶如成功，不進則退。別讓它發生在我們或你們身上。

● 顧客花錢就是要得到合格的產品，這是我們的責任和宗旨。

● 我看著麥當勞發展成了全國性的機構，我真誠地希望與其他人一起共享我的財富。

● 在商場上，競爭是你死我活的，一不留神，一丁點兒的大意或者馬虎就能導致徹底的慘敗。

● 做事情首先要有想法，但是不能只停留在「想」的階段，想之後一定要去做，「知」以後一定要去「行」。

● 當沒有機會的時候，就要主動去尋找，機會都是人創造的，就看你有沒有聰明的頭腦和善於思考的習慣。

● 認準了一個方向，就要朝著這個方向幹下去。不管途中有多少坎坷和險阻，都要堅持自己的初衷。

● 任何事情的成功從來都不會一帆風順，沒有迎接挑戰的勇氣，就不會有以後的成功。

● 在創業的時候，要有眼光找到一些有才能的人一起奮鬥，單靠一個人的努力是不會成功的。

● 發現了問題之後，就要想盡一切辦法去調查清楚，善於應用科學技術去處理問題。這對於一個經營者來說，是難能可貴的。

● 在服務中，只有把顧客放在第一位，使他們始終得到滿意的服務，才能把顧客的心留住。

● 一位好的管理人員並不喜歡失誤，他可以容忍下屬偶爾犯下

非故意的錯誤，但絕不能寬恕和原諒不誠實的行為。

● 你們必須敢於冒險，我指的並不是瘋狂的蠻幹，我說的是冒險精神，某種程度上說就是要冒破產的風險。如果你看準了什麼事情就要全身心地投入其中。敢於合理地冒險也是我們迎接挑戰的一部分。

● 世上任何東西都不能代替恆心。「才華」不能：才華橫溢卻一事無成的人並不少見。「天才」不能：是天才卻得不到賞識者屢見不鮮。「教育」不能：受過教育而沒有飯碗的人並不難找。只有恆心加上決心才是萬能的。

國家圖書館出版品預行編目（CIP）資料

用速食征服全球：雷．克洛克的麥當勞革命 / 劉幹才著 . -- 第一版 . -- 臺
北市：崧燁文化 , 2020.07
　　面；　　公分
POD 版

ISBN 978-986-516-269-6(平裝)

1. 克洛克 (Kroc, Ray, 1902-1984) 2. 麥當勞公司 (McDonald's Corporation)
3. 餐飲業管理 4. 傳記
483.8　　　　　　　　　　　　　　　　109009191

書　　名：用速食征服全球：雷 ・ 克洛克的麥當勞革命

作　　者：劉幹才 著

發 行 人：黃振庭

出 版 者：崧燁文化事業有限公司

發 行 者：崧燁文化事業有限公司

E - m a i l：sonbookservice@gmail.com

粉 絲 頁：　　　　　　網址：

地　　址：台北市中正區重慶南路一段六十一號八樓 815 室

8F.-815, No.61, Sec. 1, Chongqing S. Rd., Zhongzheng

Dist., Taipei City 100, Taiwan (R.O.C.)

電　　話：(02)2370-3310 傳　真：(02) 2388-1990

總 經 銷：紅螞蟻圖書有限公司

地　　址: 台北市內湖區舊宗路二段 121 巷 19 號

電　　話:02-2795-3656 傳真:02-2795-4100　　網址：

印　　刷：京峯彩色印刷有限公司（京峰數位）

定　　價：320 元

發行日期：2020 年 07 月第一版

◎ 本書以 POD 印製發行